KB092316

한솔 완벽한 연산

수학은 마라톤입니다.
지금 여러분은 출발 지점에 서 있습니다.
초등학교 저학년 때는
수학 마라톤을 잘 하기 위해
기초 체력을 튼튼히 길러야 합니다.

한솔 완벽한 연산으로 시작하세요.
마라톤을 잘 뛸 수 있는 완벽한 연산 실력을 키워줍니다.

이 책이 궁금해요!

왜 완벽한 연산인가요?

기초 연산은 물론, 학교 연산까지 이 책 시리즈 하나면 완벽하게 끝나기 때문입니다. '한솔 완벽한 연산'은 하루 8쪽씩, 5일 동안 4주분을 학습하고, 마지막 주에는 학교 시험에 완벽하게 대비할 수 있도록 '연산 UP' 16쪽을 추가로 제공합니다.
매일 꾸준한 연습으로 연산 실력을 키우기에 충분한 학습량입니다.
'한솔 완벽한 연산' 하나면 기초 연산도 학교 연산도 완벽하게 대비할 수 있습니다.

몇 단계로 구성되고, 몇 학년이 풀 수 있나요?

모두 6단계로 구성되어 있습니다.
'한솔 완벽한 연산'은 한 단계가 1개 학년이 아닙니다. 연산의 기초 훈련이 가장 필요한 시기인 초등 2~3학년에 집중하여 여러 단계로 구성하였습니다.
이 시기에는 수학의 기초 체력을 튼튼히 길러야 하니까요.

단계	권장 학년	학습 내용
MA	6~7세	100까지의 수, 더하기와 빼기
MB	초등 1~2학년	한 자리 수의 덧셈, 두 자리 수의 덧셈
MC	초등 1~2학년	두 자리 수의 덧셈과 뺄셈
MD	초등 2~3학년	두·세 자리 수의 덧셈과 뺄셈
ME	초등 2~3학년	곱셈구구, (두·세 자리 수)×(한 자리 수), (두·세 자리 수)÷(한 자리 수)
MF	초등 3~4학년	(두·세 자리 수)×(두 자리 수), (두·세 자리 수)÷(두 자리 수), 분수·소수의 덧셈과 뺄셈

책 한 권은 어떻게 구성되어 있나요?

책 한 권은 모두 4주 학습으로 구성되어 있습니다.
한 주는 모두 40쪽으로 하루에 8쪽씩, 5일 동안 푸는 것을 권장합니다.
마지막 5주차에는 학교 시험에 대비할 수 있는 '연산 UP'을 학습합니다.

'한솔 완벽한 연산'도 매일매일 풀어야 하나요?

물론입니다. 매일매일 규칙적으로 연습을 해야 연산 능력이 향상되기 때문입니다.
월요일부터 금요일까지 매일 8쪽씩, 4주 동안 규칙적으로 풀고, 마지막 주에 '연산 UP' 16쪽을 다 풀면 한 권 학습이 끝납니다.
매일매일 푸는 습관이 잡히면 개인 진도에 따라 두 달에 3권을 푸는 것도 가능합니다.

하루 8쪽씩이라구요? 너무 많은 양 아닌가요?

'한솔 완벽한 연산'은 술술 풀면서 잘 넘어가는 학습지입니다.
공부하는 학생 입장에서는 빽빽한 문제를 4쪽 푸는 것보다 술술 넘어가는 문제를 8쪽 푸는 것이 훨씬 큰 성취감을 느낄 수 있습니다.
'한솔 완벽한 연산'은 학생의 연령을 고려해 쪽당 학습량을 전략적으로 구성했습니다. 그래서 학생이 부담을 덜 느끼면서 효과적으로 학습할 수 있습니다.

학교 진도와 맞추려면 어떻게 공부해야 하나요?

이 책은 한 권을 한 달 동안 푸는 것을 권장합니다.
각 단계별 학교 진도는 다음과 같습니다.

단계	MA	MB	MC	MD	ME	MF
권 수	8권	5권	7권	7권	7권	7권
학교 진도	초등 이전	초등 1학년	초등 2학년	초등 3학년	초등 3학년	초등 4학년

초등학교 1학년이 3월에 MB 단계부터 매달 1권씩 꾸준히 푼다고 한다면 2학년이 시작될 때 MD 단계를 풀게 되고, 3학년 때 MF 단계(4학년 과정)까지 마무리할 수 있습니다.
이 책 시리즈로 꼼꼼히 학습하게 되면 일반 방문학습지 못지 않게 충분한 연산 실력을 쌓게 되고 조금씩 다음 학년 진도까지 학습할 수 있다는 장점이 있습니다.
매일 꾸준히 성실하게 학습한다면 학년 구분 없이 원하는 진도를 스스로 계획하고 진행해 나갈 수 있습니다.

'연산 UP'은 어떻게 공부해야 하나요?

'연산 UP'은 4주 동안 훈련한 연산 능력을 확인하는 과정이자 학교에서 흔히 접하는 계산 유형 문제까지 접할 수 있는 코너입니다.
'연산 UP'의 구성은 다음과 같습니다.

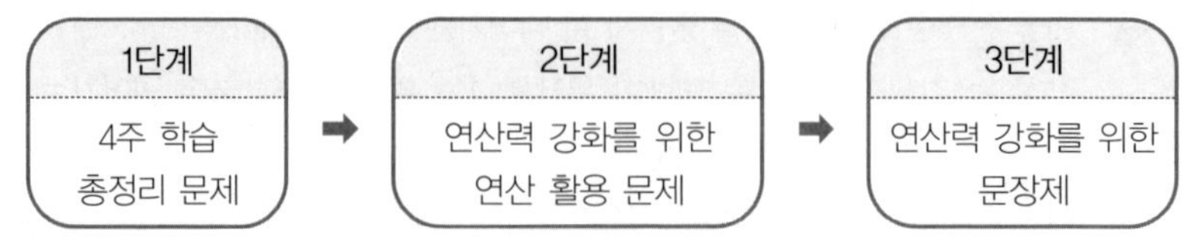

'연산 UP'은 모두 16쪽으로 구성되었으므로 하루 8쪽씩 2일 동안 학습하고, 다음 단계로 진행할 것을 권장합니다.

학습 구성

MA 6~7세

권	제목	주차별 학습 내용	
1	20까지의 수 1	1주	5까지의 수 (1)
		2주	5까지의 수 (2)
		3주	5까지의 수 (3)
		4주	10까지의 수
2	20까지의 수 2	1주	10까지의 수 (1)
		2주	10까지의 수 (2)
		3주	20까지의 수 (1)
		4주	20까지의 수 (2)
3	20까지의 수 3	1주	20까지의 수 (1)
		2주	20까지의 수 (2)
		3주	20까지의 수 (3)
		4주	20까지의 수 (4)
4	50까지의 수	1주	50까지의 수 (1)
		2주	50까지의 수 (2)
		3주	50까지의 수 (3)
		4주	50까지의 수 (4)
5	1000까지의 수	1주	100까지의 수 (1)
		2주	100까지의 수 (2)
		3주	100까지의 수 (3)
		4주	1000까지의 수
6	수 가르기와 모으기	1주	수 가르기 (1)
		2주	수 가르기 (2)
		3주	수 모으기 (1)
		4주	수 모으기 (2)
7	덧셈의 기초	1주	상황 속 덧셈
		2주	더하기 1
		3주	더하기 2
		4주	더하기 3
8	뺄셈의 기초	1주	상황 속 뺄셈
		2주	빼기 1
		3주	빼기 2
		4주	빼기 3

MB 초등 1 · 2학년 ①

권	제목	주차별 학습 내용	
1	덧셈 1	1주	받아올림이 없는 (한 자리 수)+(한 자리 수) (1)
		2주	받아올림이 없는 (한 자리 수)+(한 자리 수) (2)
		3주	받아올림이 없는 (한 자리 수)+(한 자리 수) (3)
		4주	받아올림이 없는 (두 자리 수)+(한 자리 수)
2	덧셈 2	1주	받아올림이 없는 (두 자리 수)+(한 자리 수)
		2주	받아올림이 있는 (한 자리 수)+(한 자리 수) (1)
		3주	받아올림이 있는 (한 자리 수)+(한 자리 수) (2)
		4주	받아올림이 있는 (한 자리 수)+(한 자리 수) (3)
3	뺄셈 1	1주	(한 자리 수)−(한 자리 수) (1)
		2주	(한 자리 수)−(한 자리 수) (2)
		3주	(한 자리 수)−(한 자리 수) (3)
		4주	받아내림이 없는 (두 자리 수)−(한 자리 수)
4	뺄셈 2	1주	받아내림이 없는 (두 자리 수)−(한 자리 수)
		2주	받아내림이 있는 (두 자리 수)−(한 자리 수) (1)
		3주	받아내림이 있는 (두 자리 수)−(한 자리 수) (2)
		4주	받아내림이 있는 (두 자리 수)−(한 자리 수) (3)
5	덧셈과 뺄셈의 완성	1주	(한 자리 수)+(한 자리 수), (한 자리 수)−(한 자리 수)
		2주	세 수의 덧셈, 세 수의 뺄셈 (1)
		3주	(한 자리 수)+(한 자리 수), (두 자리 수)−(한 자리 수)
		4주	세 수의 덧셈, 세 수의 뺄셈 (2)

MC 초등 1 · 2학년 ②

권	제목		주차별 학습 내용
1	두 자리 수의 덧셈 1	1주	받아올림이 없는 (두 자리 수)+(한 자리 수)
		2주	몇십 만들기
		3주	받아올림이 있는 (두 자리 수)+(한 자리 수) (1)
		4주	받아올림이 있는 (두 자리 수)+(한 자리 수) (2)
2	두 자리 수의 덧셈 2	1주	받아올림이 없는 (두 자리 수)+(두 자리 수) (1)
		2주	받아올림이 없는 (두 자리 수)+(두 자리 수) (2)
		3주	받아올림이 없는 (두 자리 수)+(두 자리 수) (3)
		4주	받아올림이 없는 (두 자리 수)+(두 자리 수) (4)
3	두 자리 수의 덧셈 3	1주	받아올림이 있는 (두 자리 수)+(두 자리 수) (1)
		2주	받아올림이 있는 (두 자리 수)+(두 자리 수) (2)
		3주	받아올림이 있는 (두 자리 수)+(두 자리 수) (3)
		4주	받아올림이 있는 (두 자리 수)+(두 자리 수) (4)
4	두 자리 수의 뺄셈 1	1주	받아내림이 없는 (두 자리 수)−(한 자리 수)
		2주	몇십에서 빼기
		3주	받아내림이 있는 (두 자리 수)−(한 자리 수) (1)
		4주	받아내림이 있는 (두 자리 수)−(한 자리 수) (2)
5	두 자리 수의 뺄셈 2	1주	받아내림이 없는 (두 자리 수)−(두 자리 수) (1)
		2주	받아내림이 없는 (두 자리 수)−(두 자리 수) (2)
		3주	받아내림이 없는 (두 자리 수)−(두 자리 수) (3)
		4주	받아내림이 없는 (두 자리 수)−(두 자리 수) (4)
6	두 자리 수의 뺄셈 3	1주	받아내림이 있는 (두 자리 수)−(두 자리 수) (1)
		2주	받아내림이 있는 (두 자리 수)−(두 자리 수) (2)
		3주	받아내림이 있는 (두 자리 수)−(두 자리 수) (3)
		4주	받아내림이 있는 (두 자리 수)−(두 자리 수) (4)
7	덧셈과 뺄셈의 완성	1주	세 수의 덧셈
		2주	세 수의 뺄셈
		3주	(두 자리 수)+(한 자리 수), (두 자리 수)−(한 자리 수) 종합
		4주	(두 자리 수)+(두 자리 수), (두 자리 수)−(두 자리 수) 종합

MD 초등 2 · 3학년 ①

권	제목		주차별 학습 내용
1	두 자리 수의 덧셈	1주	받아올림이 있는 (두 자리 수)+(두 자리 수) (1)
		2주	받아올림이 있는 (두 자리 수)+(두 자리 수) (2)
		3주	받아올림이 있는 (두 자리 수)+(두 자리 수) (3)
		4주	받아올림이 있는 (두 자리 수)+(두 자리 수) (4)
2	세 자리 수의 덧셈 1	1주	받아올림이 없는 (세 자리 수)+(두 자리 수)
		2주	받아올림이 있는 (세 자리 수)+(두 자리 수) (1)
		3주	받아올림이 있는 (세 자리 수)+(두 자리 수) (2)
		4주	받아올림이 있는 (세 자리 수)+(두 자리 수) (3)
3	세 자리 수의 덧셈 2	1주	받아올림이 있는 (세 자리 수)+(세 자리 수) (1)
		2주	받아올림이 있는 (세 자리 수)+(세 자리 수) (2)
		3주	받아올림이 있는 (세 자리 수)+(세 자리 수) (3)
		4주	받아올림이 있는 (세 자리 수)+(세 자리 수) (4)
4	두·세 자리 수의 뺄셈	1주	받아내림이 있는 (두 자리 수)−(두 자리 수) (1)
		2주	받아내림이 있는 (두 자리 수)−(두 자리 수) (2)
		3주	받아내림이 있는 (두 자리 수)−(두 자리 수) (3)
		4주	받아내림이 없는 (세 자리 수)−(두 자리 수)
5	세 자리 수의 뺄셈 1	1주	받아내림이 있는 (세 자리 수)−(두 자리 수) (1)
		2주	받아내림이 있는 (세 자리 수)−(두 자리 수) (2)
		3주	받아내림이 있는 (세 자리 수)−(두 자리 수) (3)
		4주	받아내림이 있는 (세 자리 수)−(두 자리 수) (4)
6	세 자리 수의 뺄셈 2	1주	받아내림이 있는 (세 자리 수)−(세 자리 수) (1)
		2주	받아내림이 있는 (세 자리 수)−(세 자리 수) (2)
		3주	받아내림이 있는 (세 자리 수)−(세 자리 수) (3)
		4주	받아내림이 있는 (세 자리 수)−(세 자리 수) (4)
7	덧셈과 뺄셈의 완성	1주	덧셈의 완성 (1)
		2주	덧셈의 완성 (2)
		3주	뺄셈의 완성 (1)
		4주	뺄셈의 완성 (2)

ME 초등 2 · 3학년 ②

권	제목	주차별 학습 내용	
1	곱셈구구	1주	곱셈구구 (1)
		2주	곱셈구구 (2)
		3주	곱셈구구 (3)
		4주	곱셈구구 (4)
2	(두 자리 수)×(한 자리 수) 1	1주	곱셈구구 종합
		2주	(두 자리 수)×(한 자리 수) (1)
		3주	(두 자리 수)×(한 자리 수) (2)
		4주	(두 자리 수)×(한 자리 수) (3)
3	(두 자리 수)×(한 자리 수) 2	1주	(두 자리 수)×(한 자리 수) (1)
		2주	(두 자리 수)×(한 자리 수) (2)
		3주	(두 자리 수)×(한 자리 수) (3)
		4주	(두 자리 수)×(한 자리 수) (4)
4	(세 자리 수)×(한 자리 수)	1주	(세 자리 수)×(한 자리 수) (1)
		2주	(세 자리 수)×(한 자리 수) (2)
		3주	(세 자리 수)×(한 자리 수) (3)
		4주	곱셈 종합
5	(두 자리 수)÷(한 자리 수) 1	1주	나눗셈의 기초 (1)
		2주	나눗셈의 기초 (2)
		3주	나눗셈의 기초 (3)
		4주	(두 자리 수)÷(한 자리 수)
6	(두 자리 수)÷(한 자리 수) 2	1주	(두 자리 수)÷(한 자리 수) (1)
		2주	(두 자리 수)÷(한 자리 수) (2)
		3주	(두 자리 수)÷(한 자리 수) (3)
		4주	(두 자리 수)÷(한 자리 수) (4)
7	(두·세 자리 수)÷(한 자리 수)	1주	(두 자리 수)÷(한 자리 수) (1)
		2주	(두 자리 수)÷(한 자리 수) (2)
		3주	(세 자리 수)÷(한 자리 수) (1)
		4주	(세 자리 수)÷(한 자리 수) (2)

MF 초등 3 · 4학년

권	제목	주차별 학습 내용	
1	(두 자리 수)×(두 자리 수)	1주	(두 자리 수)×(한 자리 수)
		2주	(두 자리 수)×(두 자리 수) (1)
		3주	(두 자리 수)×(두 자리 수) (2)
		4주	(두 자리 수)×(두 자리 수) (3)
2	(두·세 자리 수)×(두 자리 수)	1주	(두 자리 수)×(두 자리 수)
		2주	(세 자리 수)×(두 자리 수) (1)
		3주	(세 자리 수)×(두 자리 수) (2)
		4주	곱셈의 완성
3	(두 자리 수)÷(두 자리 수)	1주	(두 자리 수)÷(두 자리 수) (1)
		2주	(두 자리 수)÷(두 자리 수) (2)
		3주	(두 자리 수)÷(두 자리 수) (3)
		4주	(두 자리 수)÷(두 자리 수) (4)
4	(세 자리 수)÷(두 자리 수)	1주	(세 자리 수)÷(두 자리 수) (1)
		2주	(세 자리 수)÷(두 자리 수) (2)
		3주	(세 자리 수)÷(두 자리 수) (3)
		4주	나눗셈의 완성
5	혼합 계산	1주	혼합 계산 (1)
		2주	혼합 계산 (2)
		3주	혼합 계산 (3)
		4주	곱셈과 나눗셈, 혼합 계산 총정리
6	분수의 덧셈과 뺄셈	1주	분수의 덧셈 (1)
		2주	분수의 덧셈 (2)
		3주	분수의 뺄셈 (1)
		4주	분수의 뺄셈 (2)
7	소수의 덧셈과 뺄셈	1주	분수의 덧셈과 뺄셈
		2주	소수의 기초, 소수의 덧셈과 뺄셈 (1)
		3주	소수의 덧셈과 뺄셈 (2)
		4주	소수의 덧셈과 뺄셈 (3)

주별 학습 내용 MF단계 ⑦권

MF단계 7권

분수의 덧셈과 뺄셈

요일	교재 번호	학습한 날짜	확인
1일차(월)	01~08	월 일	
2일차(화)	09~16	월 일	
3일차(수)	17~24	월 일	
4일차(목)	25~32	월 일	
5일차(금)	33~40	월 일	

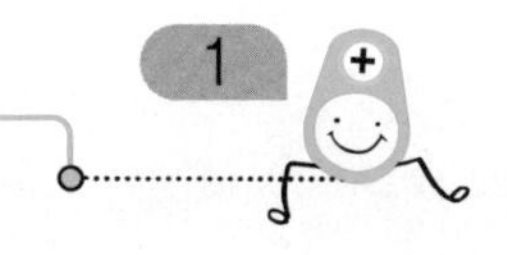

● 분수의 뺄셈을 하시오.

(1) $\frac{8}{9}-\frac{3}{9}=$

(2) $\frac{12}{18}-\frac{7}{18}=$

(3) $\frac{10}{13}-\frac{2}{13}=$

(4) $\frac{17}{19}-\frac{9}{19}=$

(5) $\frac{14}{20}-\frac{7}{20}=$

(6) $3\frac{2}{11}-\frac{4}{11}=$

(7) $6\frac{6}{10}-4\frac{7}{10}=$

(8) $6\frac{3}{9} - 1\frac{5}{9} =$

(9) $2\frac{4}{11} - \frac{7}{11} =$

(10) $6\frac{3}{8} - 2\frac{6}{8} =$

(11) $2\frac{3}{12} - \frac{8}{12} =$

(12) $5\frac{15}{16} - 2\frac{8}{16} =$

(13) $3\frac{5}{15} - 1\frac{9}{15} =$

(14) $4\frac{12}{20} - \frac{5}{20} =$

(15) $5\frac{8}{14} - 2\frac{9}{14} =$

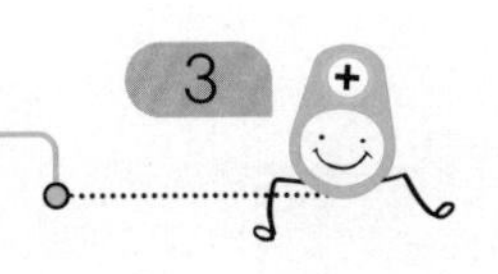

● |보기|와 같이 분수의 덧셈을 하시오.

|보기|

• $\frac{4}{7}+\frac{2}{7}+\frac{3}{7}=(\frac{4}{7}+\frac{2}{7})+\frac{3}{7}=\frac{6}{7}+\frac{3}{7}=\frac{9}{7}=1\frac{2}{7}$

• $3\frac{1}{10}+1\frac{5}{10}+2\frac{3}{10}=(3+1+2)+(\frac{1}{10}+\frac{5}{10}+\frac{3}{10})$

$=6+\frac{9}{10}=6\frac{9}{10}$

(1) $\frac{1}{5}+\frac{3}{5}+\frac{3}{5}=$

(2) $3\frac{2}{11}+\frac{4}{11}+\frac{1}{11}=$

(3) $4+2\frac{3}{10}+\frac{4}{10}=$

(4) $1\frac{2}{12}+1\frac{9}{12}+2\frac{6}{12}=$

(5) $\frac{4}{9}+\frac{1}{9}+\frac{3}{9}=$

(6) $3\frac{3}{7}+\frac{2}{7}+\frac{1}{7}=$

(7) $\frac{4}{10}+2\frac{3}{10}+\frac{6}{10}=$

(8) $\frac{5}{11}+\frac{6}{11}+\frac{4}{11}=$

(9) $1\frac{2}{13}+3\frac{7}{13}+1\frac{5}{13}=$

(10) $4\frac{3}{12}+\frac{5}{12}+1\frac{4}{12}=$

(11) $\frac{8}{15}+2\frac{4}{15}+3\frac{10}{15}=$

● 분수의 덧셈을 하시오.

(1) $\frac{1}{13}+\frac{3}{13}+\frac{2}{13}=$

(2) $\frac{4}{6}+2\frac{3}{6}+\frac{4}{6}=$

(3) $\frac{5}{10}+1\frac{2}{10}+3\frac{4}{10}=$

(4) $1\frac{2}{16}+\frac{4}{16}+1\frac{3}{16}=$

(5) $\frac{8}{15}+1\frac{7}{15}+3\frac{4}{15}=$

(6) $2\frac{4}{11}+\frac{3}{11}+\frac{4}{11}=$

(7) $\frac{8}{11}+\frac{4}{11}+\frac{5}{11}=$

(8) $\frac{8}{17}+1\frac{6}{17}+1\frac{7}{17}=$

(9) $2\frac{3}{19}+1\frac{9}{19}+\frac{5}{19}=$

(10) $\frac{1}{8}+\frac{4}{8}+\frac{3}{8}=$

(11) $\frac{8}{15}+\frac{5}{15}+3\frac{4}{15}=$

(12) $4\frac{2}{5}+1\frac{3}{5}+2\frac{3}{5}=$

(13) $\frac{7}{9}+2\frac{8}{9}+\frac{8}{9}=$

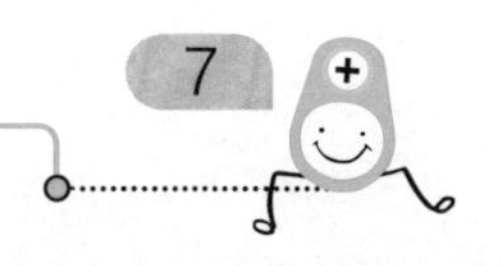

● 분수의 덧셈을 하시오.

(1) $\frac{1}{12}+\frac{5}{12}+\frac{1}{12}=$

(2) $4\frac{8}{15}+\frac{4}{15}+\frac{7}{15}=$

(3) $\frac{7}{13}+\frac{11}{13}+\frac{3}{13}=$

(4) $1\frac{5}{11}+2\frac{4}{11}+\frac{4}{11}=$

(5) $\frac{6}{13}+\frac{8}{13}+5\frac{2}{13}=$

(6) $2\frac{2}{7}+1\frac{6}{7}+2\frac{3}{7}=$

(7) $\frac{4}{17}+\frac{3}{17}+\frac{6}{17}=$

(8) $2\frac{5}{7}+1\frac{6}{7}+\frac{2}{7}=$

(9) $2\frac{3}{9}+1\frac{5}{9}+3\frac{2}{9}=$

(10) $\frac{11}{16}+4\frac{8}{16}+\frac{6}{16}=$

(11) $4\frac{1}{11}+\frac{6}{11}+1\frac{4}{11}=$

(12) $5\frac{2}{13}+\frac{1}{13}+2\frac{3}{13}=$

(13) $3\frac{5}{12}+2\frac{7}{12}+1\frac{5}{12}=$

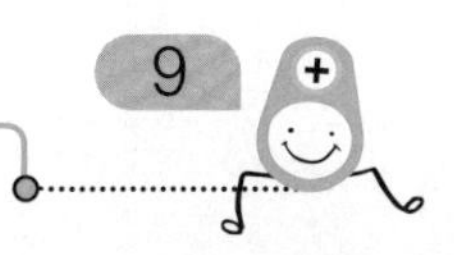

● 분수의 덧셈을 하시오.

(1) $1\frac{3}{4}+\frac{2}{4}+4\frac{2}{4}=$

(2) $\frac{5}{16}+\frac{7}{16}+\frac{3}{16}=$

(3) $6\frac{2}{5}+\frac{4}{5}+\frac{3}{5}=$

(4) $2\frac{3}{16}+\frac{6}{16}+4\frac{4}{16}=$

(5) $\frac{2}{10}+\frac{7}{10}+1\frac{1}{10}=$

(6) $1\frac{8}{14}+3\frac{5}{14}+2\frac{6}{14}=$

(7) $\frac{5}{8}+4\frac{2}{8}+1\frac{6}{8}=$

(8) $\frac{7}{11}+\frac{5}{11}+\frac{4}{11}=$

(9) $\frac{2}{9}+\frac{1}{9}+\frac{4}{9}=$

(10) $\frac{5}{16}+3\frac{2}{16}+1\frac{6}{16}=$

(11) $3\frac{5}{9}+\frac{2}{9}+4\frac{6}{9}=$

(12) $2\frac{7}{12}+\frac{4}{12}+1\frac{1}{12}=$

(13) $1\frac{13}{15}+2\frac{5}{15}+2\frac{4}{15}=$

● |보기|와 같이 분수의 뺄셈을 하시오.

보기

- $\frac{8}{9}-\frac{4}{9}-\frac{2}{9}=(\frac{8}{9}-\frac{4}{9})-\frac{2}{9}=\frac{4}{9}-\frac{2}{9}=\frac{2}{9}$
- $6\frac{10}{12}-1\frac{6}{12}-2\frac{3}{12}=(6-1-2)+(\frac{10}{12}-\frac{6}{12}-\frac{3}{12})$
  $=3+\frac{1}{12}=3\frac{1}{12}$

(1) $\frac{12}{15}-\frac{5}{15}-\frac{3}{15}=$

(2) $5\frac{9}{11}-2\frac{1}{11}-\frac{3}{11}=$

(3) $4\frac{8}{10}-3\frac{3}{10}-1\frac{2}{10}=$

(4) $4\frac{3}{9}-1\frac{5}{9}-\frac{3}{9}=$

(5) $5\frac{4}{11} - \frac{6}{11} - 2\frac{5}{11} =$

(6) $4\frac{6}{12} - 1\frac{7}{12} - 2\frac{6}{12} =$

(7) $\frac{15}{17} - \frac{4}{17} - \frac{1}{17} =$

(8) $4\frac{6}{10} - \frac{9}{10} - \frac{8}{10} =$

(9) $3\frac{5}{13} - 1\frac{6}{13} - 1\frac{1}{13} =$

(10) $6\frac{4}{15} - 2\frac{8}{15} - 1\frac{4}{15} =$

(11) $5\frac{7}{18} - \frac{12}{18} - 2\frac{2}{18} =$

● 분수의 뺄셈을 하시오.

(1) $\frac{6}{7}-\frac{1}{7}-\frac{2}{7}=$

(2) $\frac{8}{13}-\frac{5}{13}-\frac{1}{13}=$

(3) $1\frac{7}{14}-\frac{11}{14}-\frac{7}{14}=$

(4) $4\frac{1}{19}-2\frac{3}{19}-1\frac{2}{19}=$

(5) $2\frac{4}{17}-\frac{10}{17}-\frac{9}{17}=$

(6) $3\frac{5}{11}-1\frac{6}{11}-\frac{4}{11}=$

(7) $\frac{10}{12}-\frac{3}{12}-\frac{2}{12}=$

(8) $2\frac{5}{13}-\frac{7}{13}-\frac{6}{13}=$

(9) $5\frac{7}{10}-1\frac{8}{10}-2\frac{6}{10}=$

(10) $2\frac{4}{9}-1\frac{2}{9}-\frac{6}{9}=$

(11) $\frac{9}{17}-\frac{1}{17}-\frac{6}{17}=$

(12) $1\frac{2}{7}-\frac{2}{7}-\frac{3}{7}=$

(13) $4\frac{5}{13}-1\frac{1}{13}-2\frac{2}{13}=$

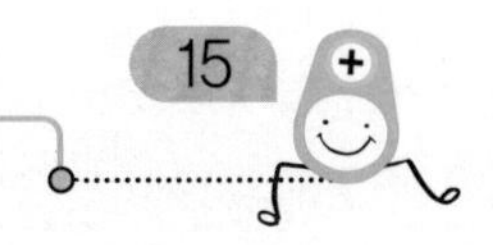

● 분수의 뺄셈을 하시오.

(1) $\frac{8}{14}-\frac{2}{14}-\frac{3}{14}=$

(2) $4\frac{3}{9}-\frac{6}{9}-\frac{4}{9}=$

(3) $\frac{13}{16}-\frac{5}{16}-\frac{3}{16}=$

(4) $2\frac{8}{17}-\frac{14}{17}-1\frac{6}{17}=$

(5) $5\frac{2}{19}-2\frac{12}{19}-1\frac{6}{19}=$

(6) $3\frac{7}{11}-1\frac{3}{11}-2\frac{1}{11}=$

(7) $3\frac{4}{9}-\frac{2}{9}-\frac{3}{9}=$

(8) $\frac{9}{11}-\frac{5}{11}-\frac{2}{11}=$

(9) $2\frac{4}{16}-1\frac{5}{16}-\frac{10}{16}=$

(10) $5\frac{3}{12}-1\frac{2}{12}-2\frac{6}{12}=$

(11) $\frac{14}{19}-\frac{7}{19}-\frac{4}{19}=$

(12) $4\frac{3}{14}-\frac{8}{14}-1\frac{4}{14}=$

(13) $5\frac{3}{15}-2\frac{9}{15}-1\frac{7}{15}=$

● 분수의 뺄셈을 하시오.

(1) $\frac{15}{17}-\frac{6}{17}-\frac{2}{17}=$

(2) $4\frac{4}{20}-2\frac{12}{20}-\frac{3}{20}=$

(3) $3\frac{4}{19}-1\frac{8}{19}-1\frac{11}{19}=$

(4) $\frac{12}{16}-\frac{5}{16}-\frac{4}{16}=$

(5) $5\frac{4}{15}-\frac{7}{15}-1\frac{5}{15}=$

(6) $5\frac{3}{17}-\frac{9}{17}-\frac{8}{17}=$

(7) $\frac{10}{12}-\frac{1}{12}-\frac{4}{12}=$

(8) $1\frac{3}{21}-\frac{16}{21}-\frac{6}{21}=$

(9) $\frac{11}{13}-\frac{1}{13}-\frac{3}{13}=$

(10) $3\frac{7}{19}-1\frac{12}{19}-1\frac{10}{19}=$

(11) $5\frac{6}{14}-1\frac{9}{14}-1\frac{6}{14}=$

(12) $4\frac{5}{20}-2\frac{18}{20}-\frac{6}{20}=$

(13) $3\frac{4}{17}-1\frac{11}{17}-1\frac{8}{17}=$

● |보기|와 같이 분수의 계산을 하시오.

보기

- $\frac{7}{13}+\frac{2}{13}-\frac{5}{13}=(\frac{7}{13}+\frac{2}{13})-\frac{5}{13}=\frac{9}{13}-\frac{5}{13}=\frac{4}{13}$
- $\frac{4}{12}-\frac{3}{12}+\frac{6}{12}=(\frac{4}{12}-\frac{3}{12})+\frac{6}{12}=\frac{1}{12}+\frac{6}{12}=\frac{7}{12}$

(1) $\frac{5}{9}+\frac{6}{9}-\frac{3}{9}=$

(2) $\frac{7}{10}-\frac{4}{10}+\frac{6}{10}=$

(3) $1\frac{3}{7}+2\frac{2}{7}-2\frac{1}{7}=$

(4) $3\frac{3}{15}-2\frac{11}{15}+4\frac{8}{15}=$

(5) $\frac{5}{11}+\frac{6}{11}-\frac{2}{11}=$

세 분수의 혼합 계산은 앞에서부터 차례대로 두 분수씩 계산합니다.

(6) $\frac{6}{9}-\frac{3}{9}+\frac{1}{9}=$

(7) $4\frac{5}{8}+\frac{2}{8}-3\frac{6}{8}=$

(8) $6\frac{4}{7}-5\frac{5}{7}+\frac{2}{7}=$

(9) $3\frac{4}{10}+2\frac{9}{10}-\frac{3}{10}=$

(10) $5\frac{7}{12}-3\frac{4}{12}+2\frac{2}{12}=$

(11) $3\frac{8}{15}+2\frac{12}{15}-4\frac{9}{15}=$

(12) $4\frac{3}{13}-\frac{5}{13}+1\frac{4}{13}=$

● 분수의 계산을 하시오.

(1) $\frac{8}{14}+\frac{7}{14}-\frac{6}{14}=$

(2) $\frac{9}{15}-\frac{2}{15}+\frac{1}{15}=$

(3) $4\frac{5}{9}+2\frac{8}{9}-\frac{8}{9}=$

(4) $5\frac{7}{10}-2\frac{3}{10}+\frac{5}{10}=$

(5) $3\frac{5}{7}+2\frac{1}{7}-4\frac{3}{7}=$

(6) $2\frac{8}{13}-1\frac{5}{13}+1\frac{3}{13}=$

(7) $\frac{8}{16}-\frac{4}{16}+\frac{1}{16}=$

(8) $\frac{5}{17}+\frac{12}{17}-\frac{8}{17}=$

(9) $4\frac{6}{9}-1\frac{8}{9}+\frac{3}{9}=$

(10) $2\frac{4}{7}+\frac{5}{7}-1\frac{3}{7}=$

(11) $1\frac{7}{13}-\frac{10}{13}+2\frac{3}{13}=$

(12) $3\frac{4}{11}+1\frac{5}{11}-\frac{3}{11}=$

(13) $3\frac{2}{15}-1\frac{5}{15}+4\frac{7}{15}=$

● 분수의 계산을 하시오.

(1) $4\frac{3}{9}+1\frac{6}{9}-\frac{4}{9}=$

(2) $5\frac{2}{15}-\frac{8}{15}+1\frac{10}{15}=$

(3) $\frac{8}{17}+\frac{9}{17}-\frac{5}{17}=$

(4) $4\frac{5}{12}-3\frac{8}{12}+2\frac{4}{12}=$

(5) $\frac{8}{10}+4\frac{5}{10}-2\frac{6}{10}=$

(6) $\frac{7}{13}-\frac{2}{13}+\frac{6}{13}=$

(7) $\frac{7}{10}-\frac{5}{10}+\frac{1}{10}=$

(8) $\frac{4}{15}+4\frac{8}{15}-1\frac{13}{15}=$

(9) $4\frac{3}{12}-2\frac{7}{12}+\frac{3}{12}=$

(10) $\frac{5}{11}+\frac{7}{11}-\frac{2}{11}=$

(11) $2\frac{3}{17}-\frac{5}{17}+3\frac{2}{17}=$

(12) $3\frac{7}{10}+1\frac{8}{10}-2\frac{6}{10}=$

(13) $3\frac{6}{9}-2\frac{7}{9}+\frac{2}{9}=$

● 분수의 계산을 하시오.

(1) $\frac{3}{14}+\frac{8}{14}-\frac{6}{14}=$

(2) $2\frac{4}{13}-\frac{8}{13}+\frac{8}{13}=$

(3) $\frac{4}{12}+3\frac{8}{12}-2\frac{7}{12}=$

(4) $\frac{11}{17}-\frac{6}{17}+\frac{12}{17}=$

(5) $3\frac{4}{18}+1\frac{12}{18}-\frac{11}{18}=$

(6) $4\frac{3}{10}-2\frac{7}{10}+2\frac{3}{10}=$

(7) $2\frac{6}{7}+3\frac{3}{7}-\frac{3}{7}=$

(8) $\frac{9}{16}-\frac{7}{16}+\frac{5}{16}=$

(9) $3\frac{5}{12}+\frac{8}{12}-2\frac{2}{12}=$

(10) $4\frac{3}{11}-2\frac{8}{11}+\frac{5}{11}=$

(11) $\frac{4}{13}+\frac{11}{13}-\frac{9}{13}=$

(12) $3\frac{4}{15}-\frac{7}{15}+2\frac{10}{15}=$

(13) $2\frac{3}{19}+2\frac{8}{19}-3\frac{5}{19}=$

● 분수의 계산을 하시오.

(1) $\frac{3}{11}+\frac{10}{11}+\frac{5}{11}=$

(2) $2\frac{6}{15}+1\frac{1}{15}-\frac{14}{15}=$

(3) $3\frac{4}{10}-\frac{8}{10}-1\frac{5}{10}=$

(4) $2\frac{8}{19}-\frac{13}{19}+\frac{1}{19}=$

(5) $1\frac{7}{20}+2\frac{15}{20}-3\frac{11}{20}=$

(6) $1-\frac{11}{13}+\frac{10}{13}=$

(7) $2\frac{5}{7} + 1\frac{3}{7} - 2\frac{6}{7} =$

(8) $\frac{3}{10} + 1\frac{4}{10} + 3 =$

(9) $1\frac{4}{13} - \frac{7}{13} + \frac{10}{13} =$

(10) $2\frac{3}{11} - \frac{7}{11} - 1\frac{5}{11} =$

(11) $4\frac{8}{15} - \frac{11}{15} + 1\frac{3}{15} =$

(12) $1\frac{7}{12} + \frac{9}{12} - 2\frac{4}{12} =$

(13) $3\frac{2}{18} - 1\frac{5}{18} + 2\frac{10}{18} =$

● 분수의 계산을 하시오.

(1) $1\frac{7}{8} + \frac{6}{8} - 1\frac{2}{8} =$

(2) $4\frac{2}{5} - 2\frac{4}{5} - \frac{4}{5} =$

(3) $3\frac{3}{7} - 1\frac{5}{7} + \frac{1}{7} =$

(4) $2\frac{7}{13} + \frac{8}{13} + 1\frac{6}{13} =$

(5) $3\frac{1}{4} - 1\frac{3}{4} + \frac{2}{4} =$

(6) $\frac{7}{12} + 1\frac{10}{12} - 2 =$

(7) $2-1\frac{4}{17}+1\frac{5}{17}=$

(8) $\frac{10}{13}+\frac{11}{13}+1\frac{5}{13}=$

(9) $4\frac{6}{14}-2\frac{8}{14}+\frac{3}{14}=$

(10) $3\frac{2}{19}-\frac{15}{19}-\frac{18}{19}=$

(11) $2\frac{5}{13}+1\frac{8}{13}-2\frac{7}{13}=$

(12) $\frac{8}{20}+\frac{16}{20}-\frac{5}{20}=$

(13) $2\frac{7}{16}-\frac{5}{16}+1\frac{3}{16}=$

● 분수의 계산을 하시오.

(1) $\frac{11}{13} - \frac{2}{13} - \frac{5}{13} =$

(2) $3\frac{2}{11} - 2 + 1\frac{5}{11} =$

(3) $2\frac{2}{15} + \frac{9}{15} + 1\frac{11}{15} =$

(4) $\frac{3}{17} + 1\frac{8}{17} - \frac{9}{17} =$

(5) $4\frac{9}{12} - \frac{11}{12} + 1\frac{2}{12} =$

(6) $1\frac{8}{14} + \frac{10}{14} - 2\frac{1}{14} =$

(7) $3\frac{5}{9} - 1\frac{7}{9} - \frac{6}{9} =$

(8) $2\frac{5}{16} + 1\frac{15}{16} - 1\frac{4}{16} =$

(9) $\frac{9}{11} + \frac{8}{11} + \frac{5}{11} =$

(10) $4\frac{8}{14} - 2\frac{12}{14} + 1\frac{9}{14} =$

(11) $\frac{10}{13} + 3\frac{8}{13} - 3\frac{2}{13} =$

(12) $4 - 3\frac{9}{16} + 1\frac{6}{16} =$

(13) $1\frac{5}{12} + \frac{10}{12} - 1\frac{4}{12} =$

● 분수의 계산을 하시오.

(1) $\frac{3}{4}+1\frac{1}{4}+1\frac{1}{4}=$

(2) $1\frac{4}{11}+\frac{8}{11}-2\frac{1}{11}=$

(3) $4\frac{6}{8}-\frac{1}{8}+1\frac{3}{8}=$

(4) $3\frac{1}{7}+1\frac{2}{7}-1\frac{6}{7}=$

(5) $2\frac{2}{15}-\frac{13}{15}-1=$

(6) $4\frac{2}{21}-2\frac{8}{21}+1\frac{10}{21}=$

(7) $1\frac{7}{13}+\frac{9}{13}-1\frac{1}{13}=$

(8) $\frac{8}{20}+1\frac{7}{20}+\frac{14}{20}=$

(9) $2\frac{8}{17}-\frac{15}{17}+\frac{12}{17}=$

(10) $1\frac{3}{11}+\frac{8}{11}-1\frac{3}{11}=$

(11) $4\frac{8}{19}-2\frac{17}{19}+\frac{9}{19}=$

(12) $3-\frac{13}{16}-1\frac{4}{16}=$

(13) $5\frac{4}{10}-2\frac{5}{10}+1\frac{2}{10}=$

● 분수의 계산을 하시오.

(1) $1\frac{7}{11}+\frac{8}{11}+1\frac{5}{11}=$

(2) $2\frac{4}{9}+\frac{7}{9}-2=$

(3) $1\frac{4}{10}-\frac{7}{10}+1\frac{2}{10}=$

(4) $\frac{5}{8}+1\frac{6}{8}-1\frac{3}{8}=$

(5) $4\frac{2}{15}-\frac{7}{15}-1\frac{12}{15}=$

(6) $3\frac{3}{16}-1\frac{8}{16}+2\frac{10}{16}=$

(7) $3\frac{4}{13}+1\frac{11}{13}-1\frac{1}{13}=$

(8) $\frac{8}{10}+\frac{7}{10}+\frac{8}{10}=$

(9) $2\frac{8}{12}-\frac{10}{12}+1\frac{7}{12}=$

(10) $4-2\frac{17}{20}-\frac{6}{20}=$

(11) $1\frac{4}{11}+1\frac{8}{11}-2=$

(12) $1\frac{15}{19}+1\frac{17}{19}-\frac{11}{19}=$

(13) $4\frac{6}{17}-2\frac{9}{17}+1\frac{3}{17}=$

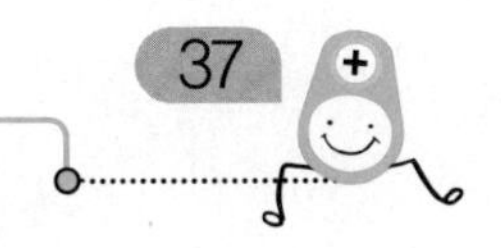

● 분수의 계산을 하시오.

(1) $\frac{5}{9}+\frac{7}{9}+\frac{1}{9}=$

(2) $2\frac{10}{13}+1\frac{3}{13}-2\frac{6}{13}=$

(3) $3\frac{5}{11}-1\frac{7}{11}-\frac{9}{11}=$

(4) $5\frac{3}{8}-3\frac{6}{8}+\frac{2}{8}=$

(5) $2\frac{4}{12}-\frac{8}{12}+\frac{9}{12}=$

(6) $1\frac{7}{15}+2\frac{13}{15}-2\frac{4}{15}=$

(7) $4\frac{1}{13}+2\frac{5}{13}-1\frac{10}{13}=$

(8) $1\frac{3}{17}+1\frac{15}{17}+2\frac{11}{17}=$

(9) $3\frac{5}{16}+1\frac{12}{16}-\frac{6}{16}=$

(10) $3\frac{13}{20}-\frac{17}{20}+4\frac{4}{20}=$

(11) $2\frac{7}{14}-1\frac{9}{14}-\frac{11}{14}=$

(12) $2-1\frac{6}{19}+\frac{14}{19}=$

(13) $2\frac{14}{18}+3\frac{7}{18}-1\frac{10}{18}=$

● 분수의 계산을 하시오.

(1) $1\frac{8}{13}+2\frac{3}{13}-3=$

(2) $\frac{5}{7}+\frac{4}{7}+1\frac{1}{7}=$

(3) $3-1\frac{6}{10}+\frac{9}{10}=$

(4) $1\frac{4}{9}+\frac{7}{9}-1\frac{1}{9}=$

(5) $9\frac{2}{7}-1\frac{6}{7}-2\frac{3}{7}=$

(6) $1\frac{8}{16}-\frac{15}{16}+1\frac{4}{16}=$

(7) $\frac{5}{12}+\frac{11}{12}+1\frac{3}{12}=$

(8) $1\frac{6}{15}+\frac{7}{15}-1=$

(9) $3\frac{4}{9}-1\frac{7}{9}+2\frac{5}{9}=$

(10) $4\frac{4}{11}-2\frac{9}{11}-1\frac{4}{11}=$

(11) $1-\frac{6}{14}+2\frac{11}{14}=$

(12) $2\frac{6}{18}+\frac{3}{18}-\frac{14}{18}=$

(13) $2\frac{3}{17}-\frac{5}{17}+\frac{2}{17}=$

MF단계 7권

소수의 기초, 소수의 덧셈과 뺄셈 (1)

요일	교재 번호	학습한 날짜	확인
1일차(월)	01~08	월 일	
2일차(화)	09~16	월 일	
3일차(수)	17~24	월 일	
4일차(목)	25~32	월 일	
5일차(금)	33~40	월 일	

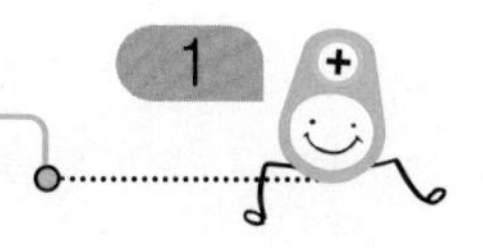

● □ 안에 알맞은 소수나 분수를 쓰시오.

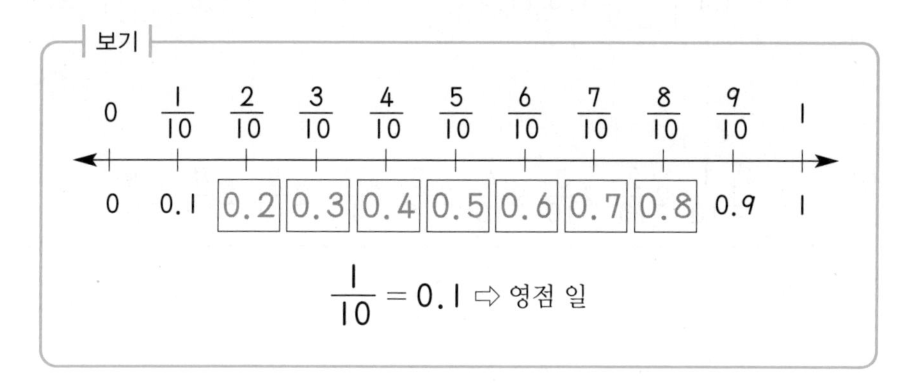

(1)

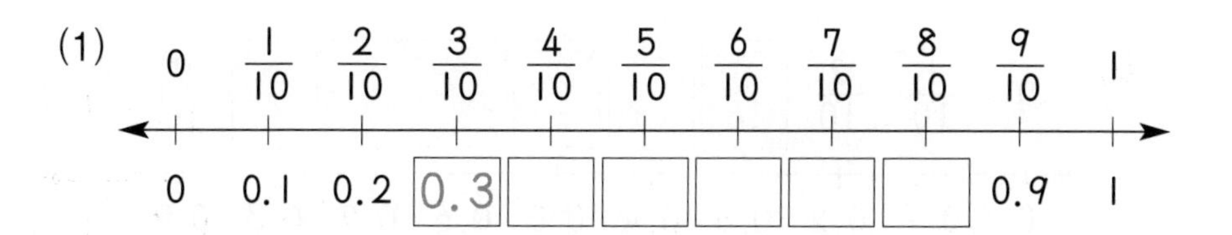

(2)

0	$\frac{1}{10}$	$\frac{2}{10}$	$\frac{3}{10}$	$\frac{4}{10}$	$\frac{5}{10}$	$\frac{6}{10}$	$\frac{7}{10}$	$\frac{8}{10}$	$\frac{9}{10}$	1
0	0.1	□	0.3	□	0.5	0.6	□	0.8	□	1

(3)

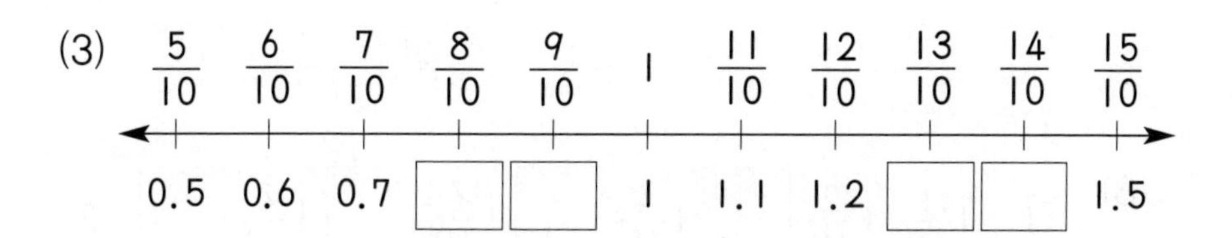

$\frac{1}{10}$을 0.1이라고 쓰고, 영점 일이라고 읽습니다.

0.1과 같은 수를 소수라 하고, '.'을 소수점이라고 합니다.

(4)

1	$\frac{11}{10}$	$\frac{12}{10}$	$\frac{13}{10}$	$\frac{14}{10}$	$\frac{15}{10}$	$\frac{16}{10}$	$\frac{17}{10}$	$\frac{18}{10}$	$\frac{19}{10}$	2
1	1.1	□	1.3	1.4	□	1.6	□	1.8	□	2

(5)

2	$2\frac{1}{10}$	$2\frac{2}{10}$	$2\frac{3}{10}$	$2\frac{4}{10}$	$2\frac{5}{10}$	$2\frac{6}{10}$	$2\frac{7}{10}$	$2\frac{8}{10}$	$2\frac{9}{10}$	3
2	2.1	□	2.3	□	2.5	□	2.7	□	2.9	3

(6)

0	$\frac{1}{10}$	$\frac{2}{10}$	$\frac{3}{10}$	□	□	□	□	□	$\frac{9}{10}$	1
0	0.1	0.2	0.3	0.4	0.5	0.6	0.7	0.8	0.9	1

(7)

7	$\frac{71}{10}$	□	$\frac{73}{10}$	□	$\frac{75}{10}$	□	$\frac{77}{10}$	□	$\frac{79}{10}$	8
7	7.1	7.2	7.3	7.4	7.5	7.6	7.7	7.8	7.9	8

(8)

1	$1\frac{1}{10}$	$1\frac{2}{10}$	□	$1\frac{4}{10}$	□	$1\frac{6}{10}$	□	$1\frac{8}{10}$	□	2
1	1.1	1.2	1.3	1.4	1.5	1.6	1.7	1.8	1.9	2

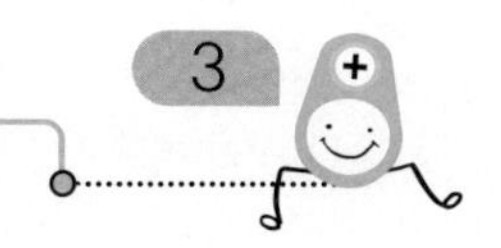

● □ 안에 알맞은 소수나 분수를 쓰시오.

(1)

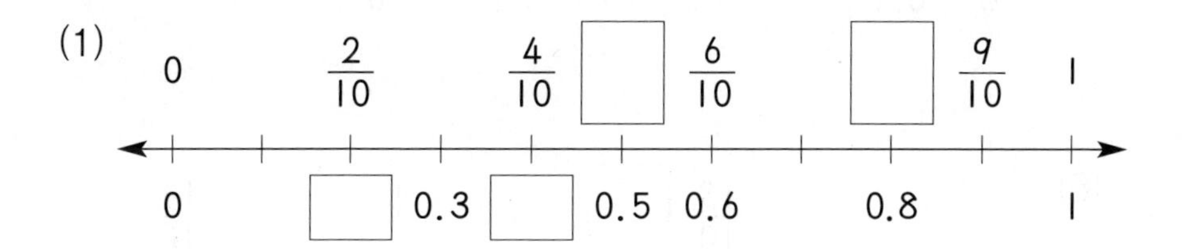

(2)

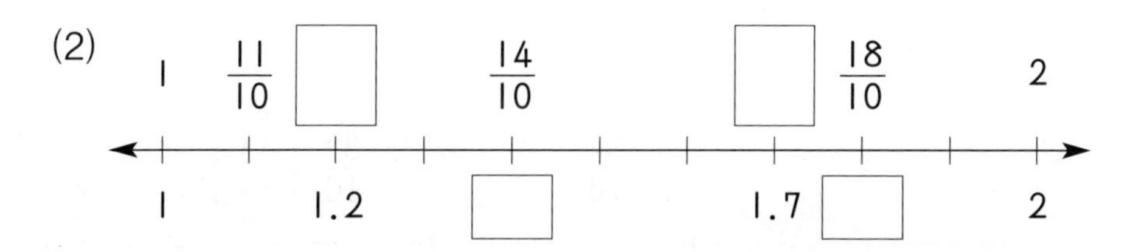

(3)

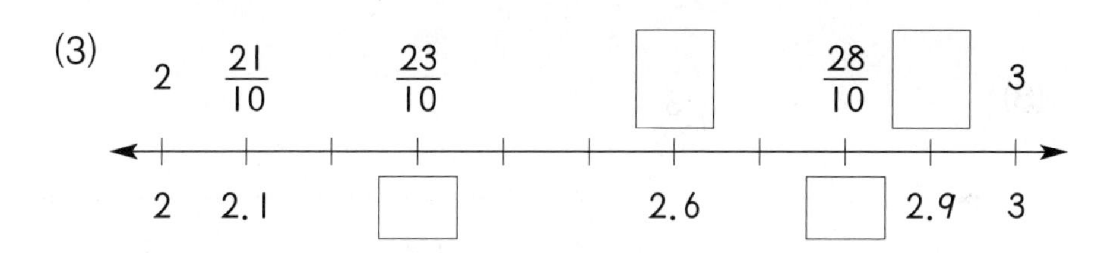

(4)

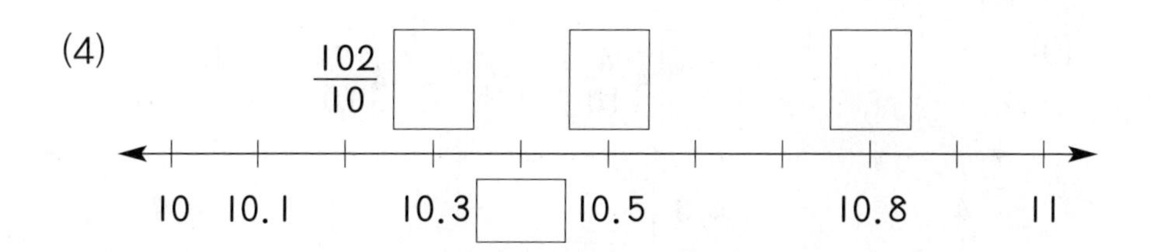

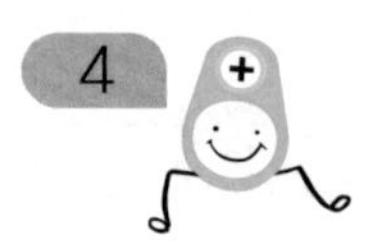
4

(5)

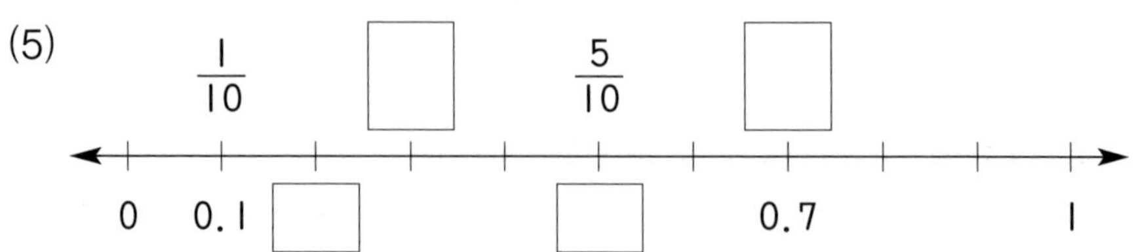
$\frac{1}{10}$
$\frac{5}{10}$
0
0.1
0.7
1

(6)

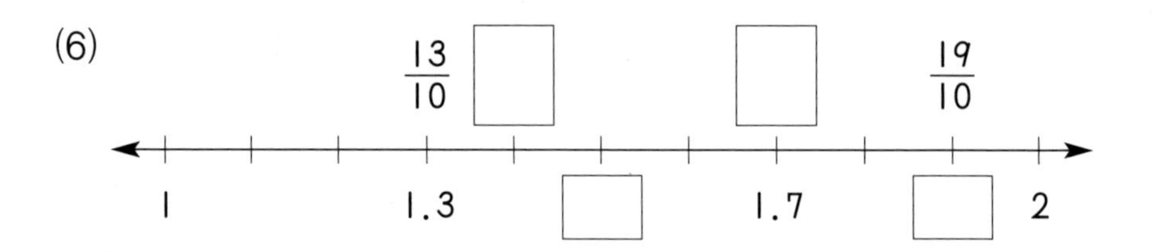
$\frac{13}{10}$
$\frac{19}{10}$
1
1.3
1.7
2

(7)

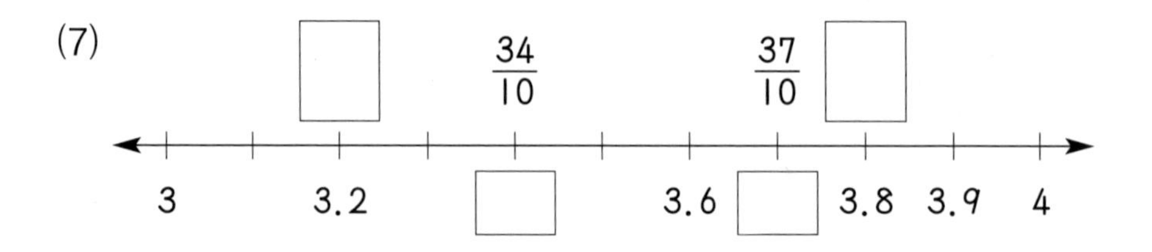
$\frac{34}{10}$
$\frac{37}{10}$
3
3.2
3.6
3.8
3.9
4

(8)

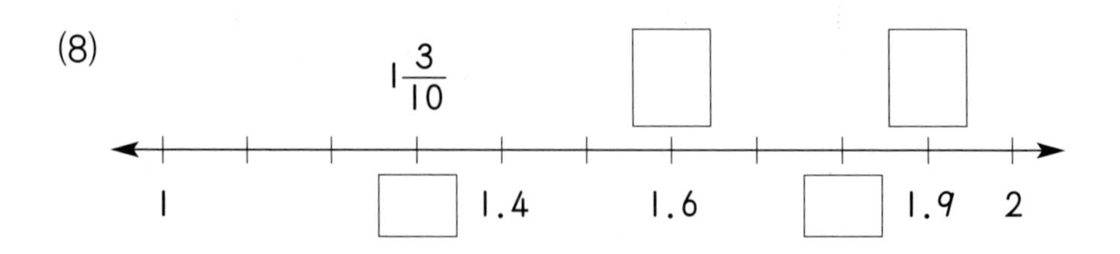
$1\frac{3}{10}$
1
1.4
1.6
1.9
2

(9)

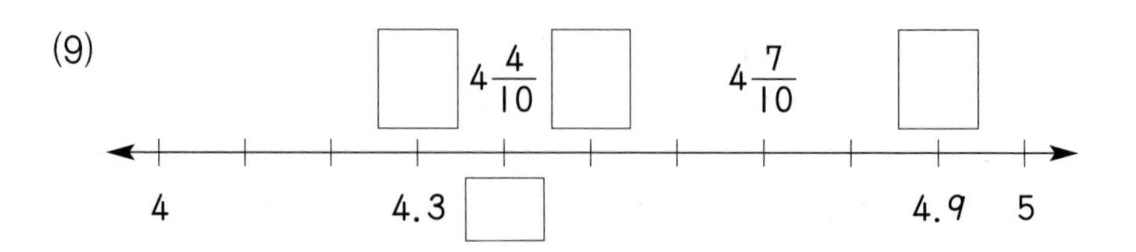
$4\frac{4}{10}$
$4\frac{7}{10}$
4
4.3
4.9
5

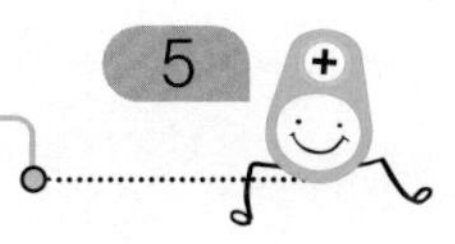

● □ 안에 알맞은 소수나 분수를 쓰시오.

(1)

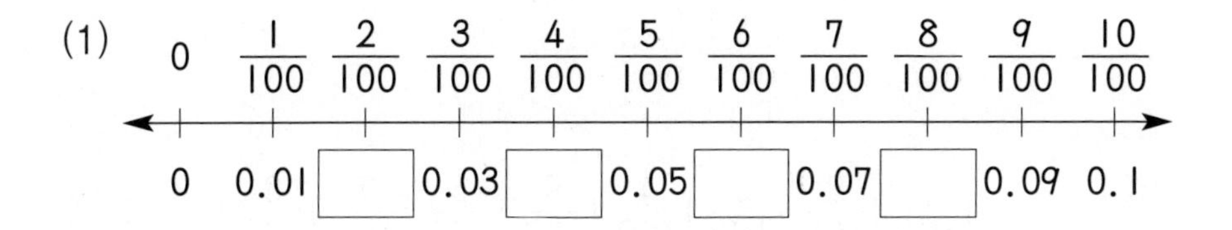

(2)

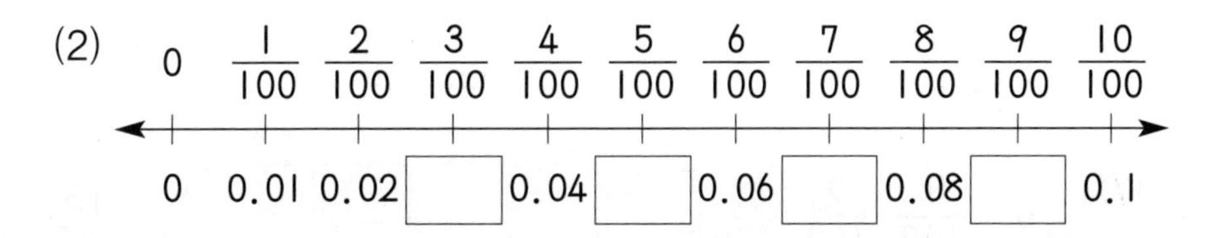

(3)

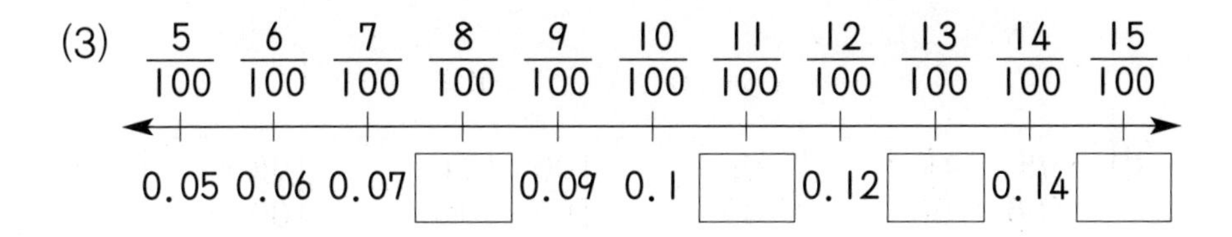

(4)

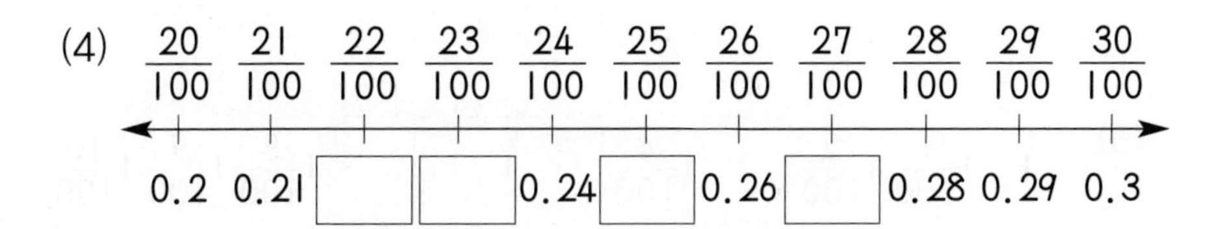

Talk $\frac{1}{100}=0.01$ ⇨ 영점 영일, $\frac{1}{1000}=0.001$ ⇨ 영점 영영일

(5)

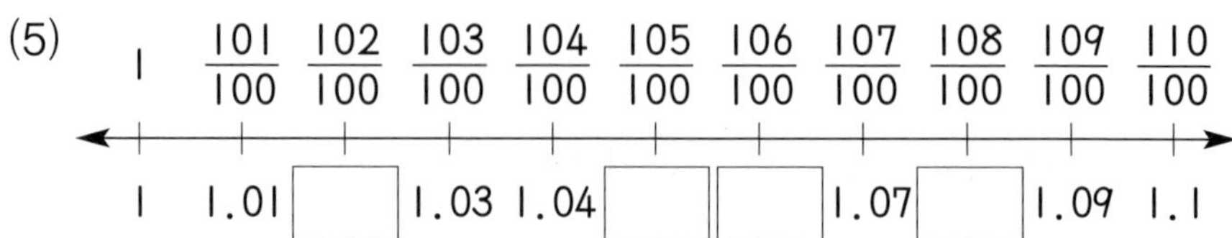

(6)

1	$1\frac{1}{100}$	$1\frac{2}{100}$	$1\frac{3}{100}$	$1\frac{4}{100}$	$1\frac{5}{100}$	$1\frac{6}{100}$	$1\frac{7}{100}$	$1\frac{8}{100}$	$1\frac{9}{100}$	$1\frac{10}{100}$
1	1.01	1.02	□	□	1.05	1.06	□	1.08	□	1.1

(7)

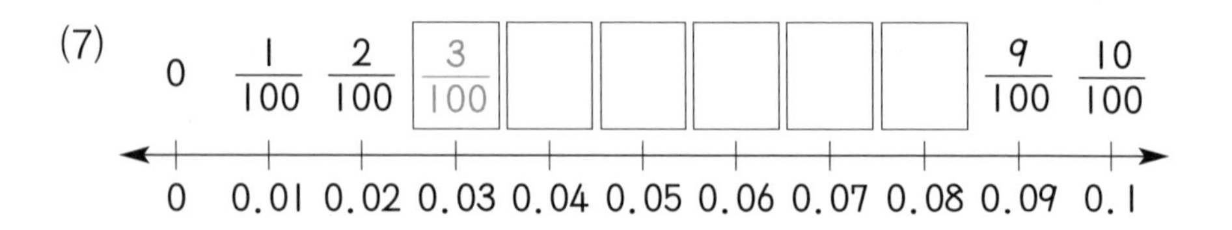

(8)

$\frac{95}{100}$	$\frac{96}{100}$	□	$\frac{98}{100}$	□	$\frac{100}{100}$	$\frac{101}{100}$	□	$\frac{103}{100}$	□	$\frac{105}{100}$
0.95	0.96	0.97	0.98	0.99	1	1.01	1.02	1.03	1.04	1.05

(9)

1	$1\frac{1}{100}$	$1\frac{2}{100}$	□	$1\frac{4}{100}$	□	□	□	$1\frac{8}{100}$	$1\frac{9}{100}$	$1\frac{10}{100}$
1	1.01	1.02	1.03	1.04	1.05	1.06	1.07	1.08	1.09	1.1

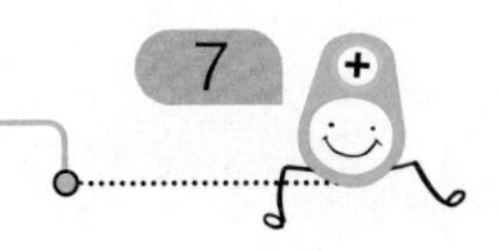

● □ 안에 알맞은 소수나 분수를 쓰시오.

(1)

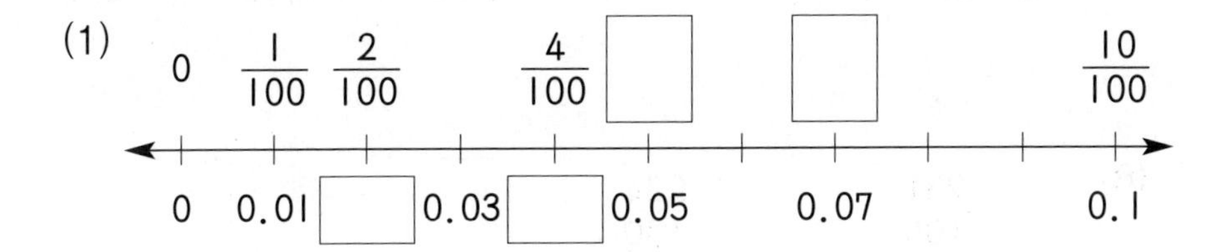

(2)

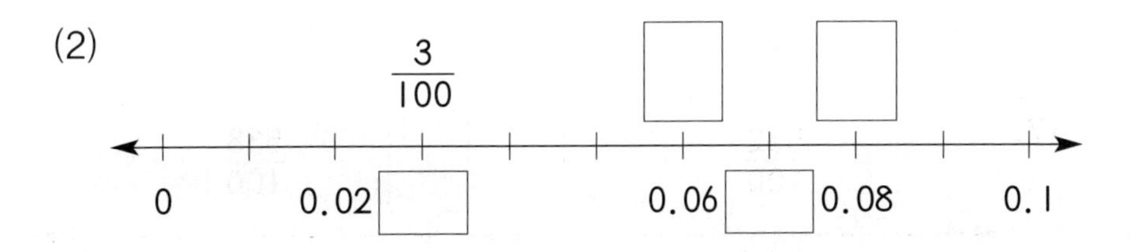

(3)

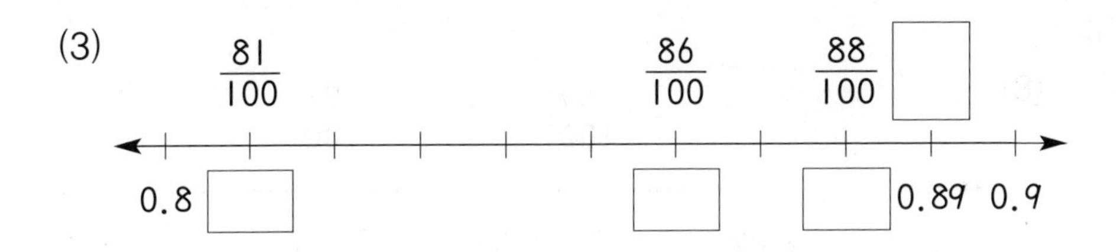

(4)

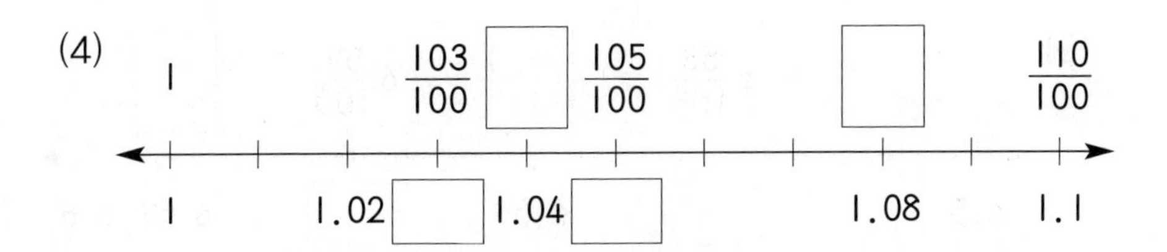

8

(5)

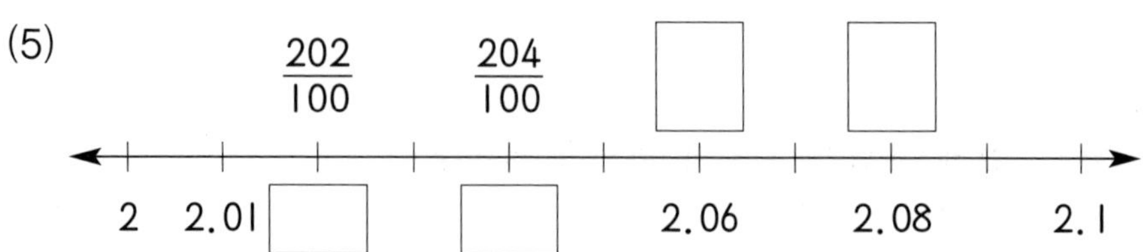
202/100
204/100
2
2.01
2.06
2.08
2.1

(6)

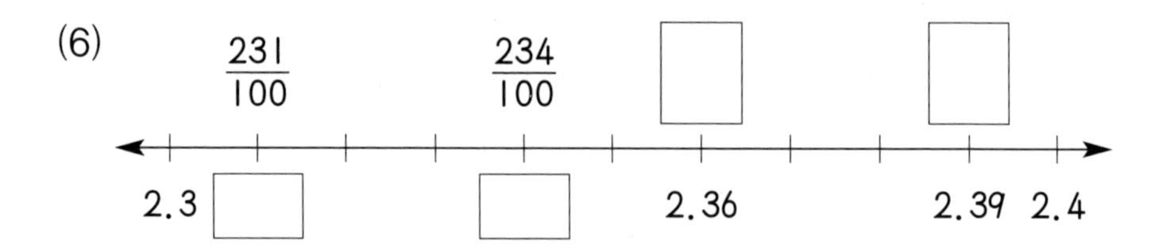
231/100
234/100
2.3
2.36
2.39
2.4

(7)

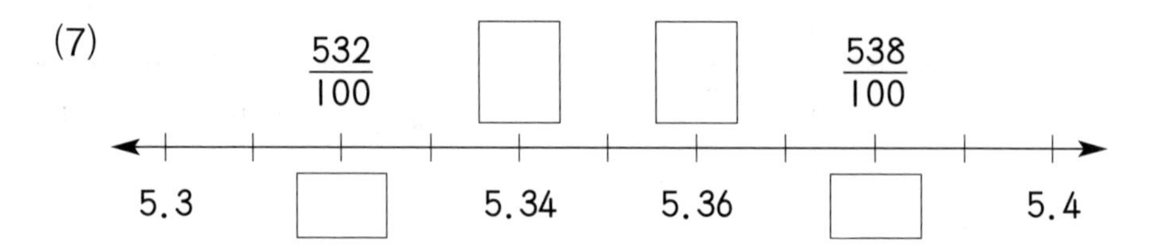
532/100
538/100
5.3
5.34
5.36
5.4

(8)

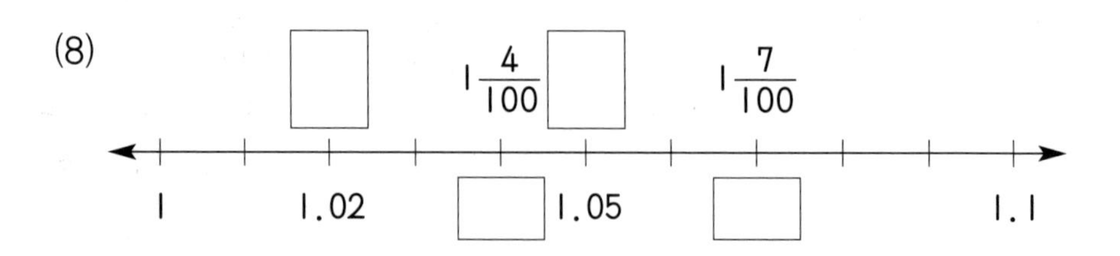
1 4/100
1 7/100
1
1.02
1.05
1.1

(9)

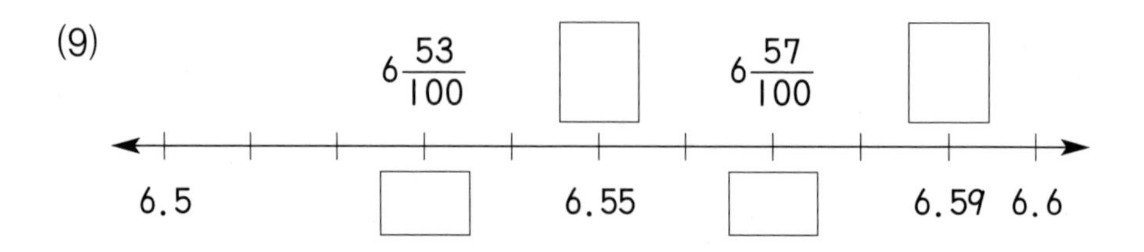
6 53/100
6 57/100
6.5
6.55
6.59
6.6

● □ 안에 알맞은 소수나 분수를 쓰시오.

(1)

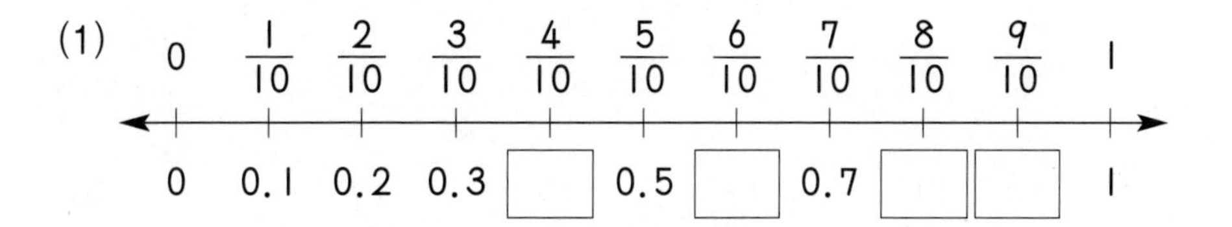

(2)

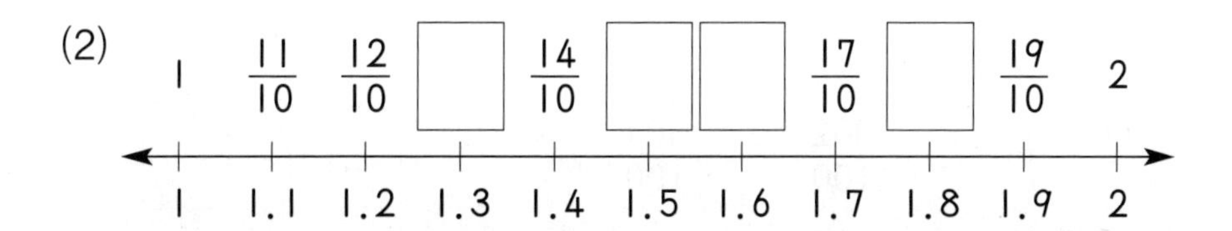

(3)

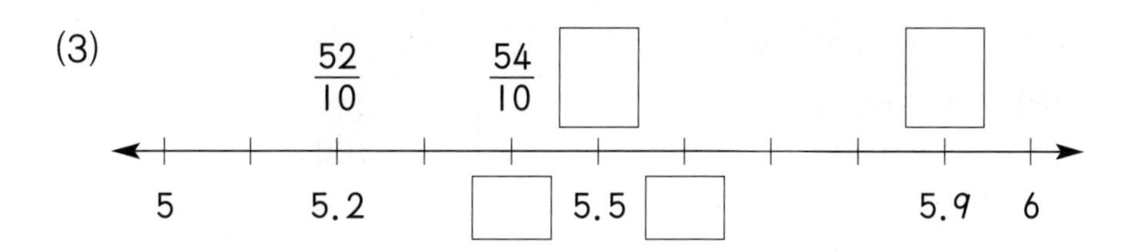

(4)

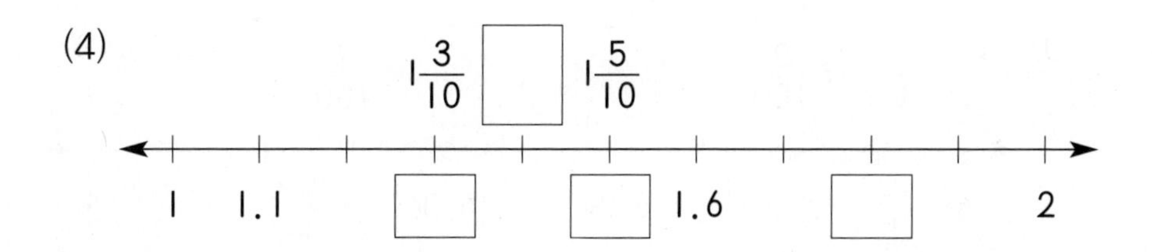

10

(5)

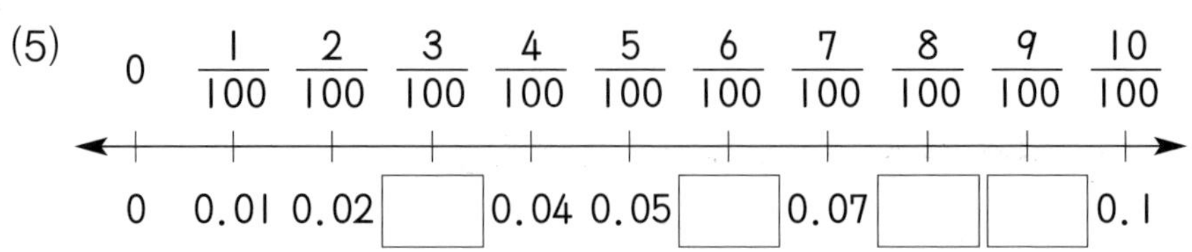
0
$\frac{1}{100}$ $\frac{2}{100}$ $\frac{3}{100}$ $\frac{4}{100}$ $\frac{5}{100}$ $\frac{6}{100}$ $\frac{7}{100}$ $\frac{8}{100}$ $\frac{9}{100}$ $\frac{10}{100}$
0 0.01 0.02 0.04 0.05 0.07 0.1

(6)

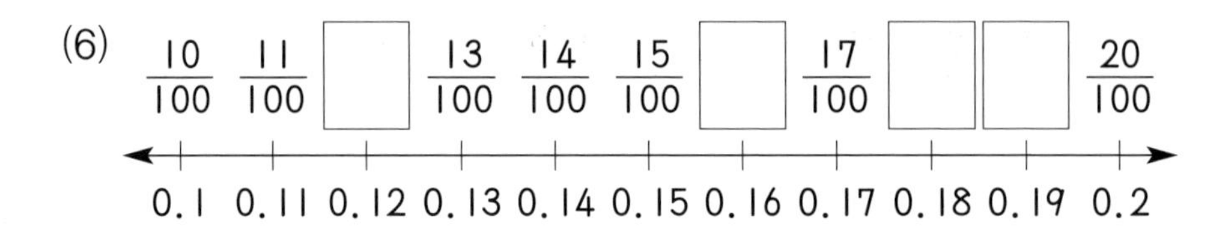
$\frac{10}{100}$ $\frac{11}{100}$ $\frac{13}{100}$ $\frac{14}{100}$ $\frac{15}{100}$ $\frac{17}{100}$ $\frac{20}{100}$
0.1 0.11 0.12 0.13 0.14 0.15 0.16 0.17 0.18 0.19 0.2

(7)

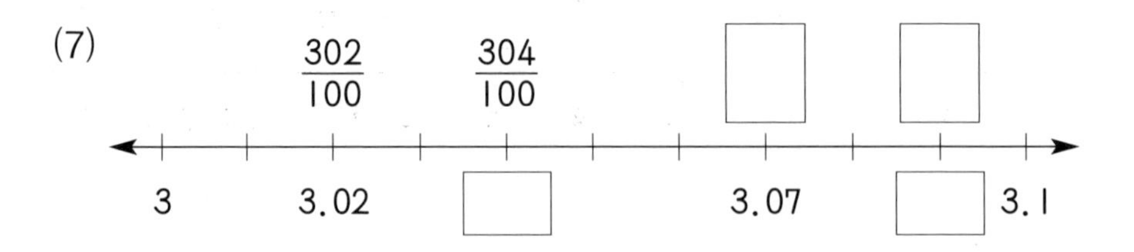
$\frac{302}{100}$ $\frac{304}{100}$
3 3.02 3.07 3.1

(8)

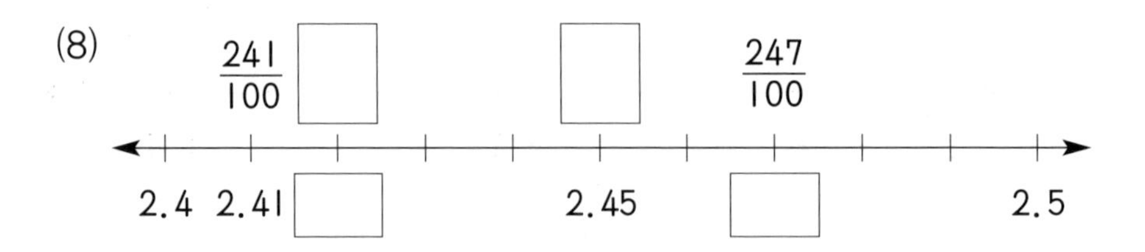
$\frac{241}{100}$ $\frac{247}{100}$
2.4 2.41 2.45 2.5

(9)

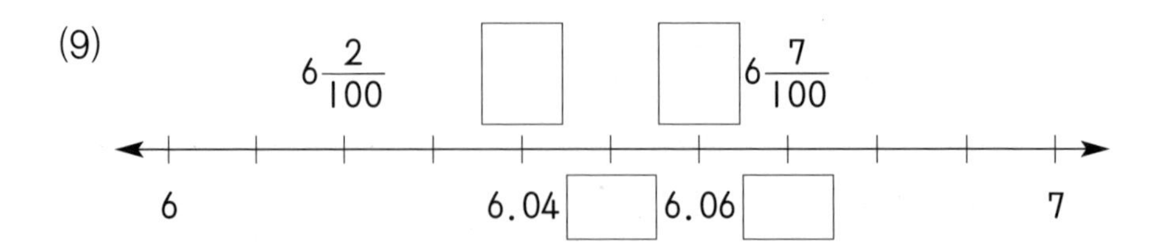
$6\frac{2}{100}$ $6\frac{7}{100}$
6 6.04 6.06 7

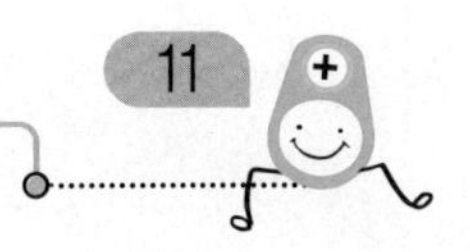

● 분수를 소수로 나타내시오.

(1) $\frac{2}{10} = 0.2$

(2) $\frac{7}{10} =$

(3) $\frac{9}{10} =$

(4) $\frac{8}{100} =$

(5) $\frac{3}{100} =$

(6) $\frac{5}{100} =$

(7) $\frac{51}{100} =$

(8) $\frac{83}{100} =$

(9) $\frac{23}{10} =$

(10) $\frac{46}{100} =$

(11) $\frac{1}{10} =$

(12) $\frac{11}{10} =$

(13) $\frac{3}{10} =$

(14) $\frac{9}{100} =$

(15) $\frac{13}{10} =$

(16) $\frac{35}{10} =$

(17) $\frac{47}{10} =$

(18) $\frac{24}{10} =$

(19) $\frac{73}{10} =$

(20) $\frac{124}{100} =$

(21) $\frac{102}{100} =$

(22) $\frac{142}{10} =$

(23) $\frac{532}{100} =$

(24) $\frac{24}{100} =$

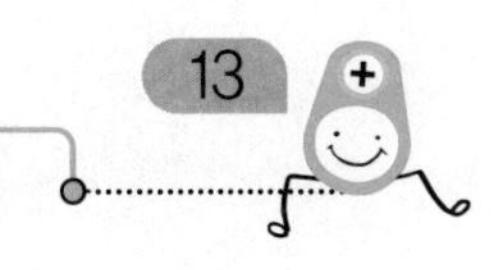

● 분수를 소수로 나타내시오.

(1) $\frac{6}{10} =$

(2) $\frac{5}{100} =$

(3) $\frac{7}{100} =$

(4) $\frac{17}{10} =$

(5) $\frac{66}{10} =$

(6) $\frac{39}{100} =$

(7) $\frac{92}{100} =$

★(8) $3\frac{1}{10} =$

(9) $3\frac{1}{100} =$

(10) $3\frac{11}{100} =$

(11) $\frac{486}{100} =$

(12) $\frac{999}{100} =$

(13) $\frac{1}{100}=$

(14) $\frac{4}{100}=$

(15) $\frac{16}{100}=$

(16) $\frac{64}{100}=$

(17) $\frac{88}{100}=$

(18) $\frac{777}{100}=$

(19) $1\frac{9}{10}=$

(20) $14\frac{7}{10}=$

(21) $1\frac{1}{10}=$

(22) $1\frac{1}{100}=$

(23) $11\frac{1}{100}=$

(24) $11\frac{11}{100}=$

● 소수를 분수로 나타내시오.

(1) $0.1=\frac{1}{10}$

(2) $0.4=$

(3) $0.04=$

(4) $0.35=$

(5) $0.5=$

(6) $0.73=$

(7) $1.3=$

(8) $3.9=$

(9) $3.09=$

(10) $4.8=$

(11) $1.28=$

(12) $2.16=$

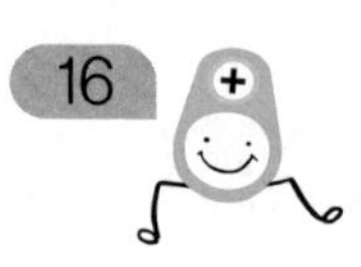

(13) 0.7 =

(14) 2.7 =

(15) 0.08 =

(16) 0.2 =

(17) 0.65 =

(18) 4.13 =

(19) 8.2 =

(20) 5.81 =

(21) 6.4 =

(22) 1.11 =

(23) 10.3 =

(24) 4.09 =

● 분수는 소수로, 소수는 분수로 나타내시오.

(1) $\frac{4}{10}=$

(7) $\frac{133}{100}=$

(2) $\frac{2}{100}=$

(8) $\frac{222}{10}=$

(3) $\frac{8}{10}=$

(9) $\frac{79}{100}=$

(4) $\frac{27}{100}=$

(10) $\frac{53}{10}=$

(5) $\frac{14}{10}=$

(11) $\frac{402}{100}=$

(6) $\frac{116}{10}=$

(12) $\frac{505}{100}=$

(13) $0.07 =$

(14) $0.3 =$

(15) $0.51 =$

(16) $0.9 =$

(17) $0.34 =$

(18) $2.8 =$

(19) $4.01 =$

(20) $7.4 =$

(21) $1.35 =$

(22) $12.2 =$

(23) $1.1 =$

(24) $9.07 =$

● |보기|와 같이 □ 안에 알맞은 수를 쓰시오.

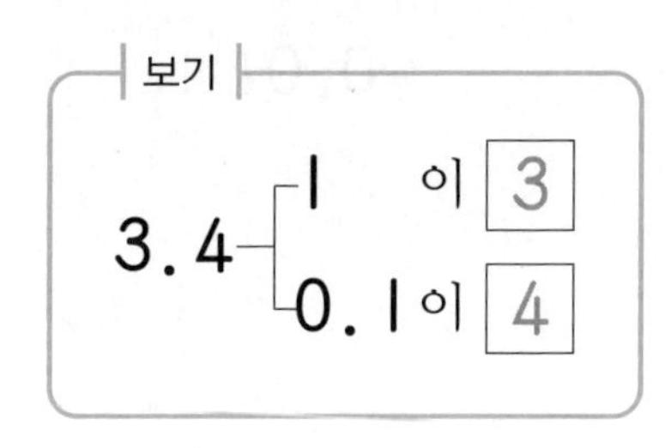

(1) 5.8 ─ 1 이 □, 0.1이 □

(2) 7.3 ─ 1 이 □, 0.1이 □

(3) 3.6 ─ 1 이 □, 0.1이 □

(4) 4.5 ─ 1 이 □, 0.1이 □

(5) 8.6 ─ 1 이 □, 0.1이 □

(6) 9.3 ─ 1 이 □, 0.1이 □

★(7) 12.4 ─ 1 이 12, 0.1이 □

(8)
2.47 — 1 이 □ / 0.1 이 □ / 0.01이 □

(12)
8.77 — 1 이 □ / 0.1 이 □ / 0.01이 □

(9)
4.38 — 1 이 □ / 0.1 이 □ / 0.01이 □

(13)
11.05 — 1 이 □ / 0.1 이 □ / 0.01이 □

(10)
6.93 — 1 이 □ / 0.1 이 □ / 0.01이 □

(14)
6.91 — 1 이 □ / 0.1 이 □ / 0.01이 □

(11)
1.04 — 1 이 □ / 0.1 이 □ / 0.01이 □

(15)
2.86 — 1 이 □ / 0.1 이 □ / 0.01이 □

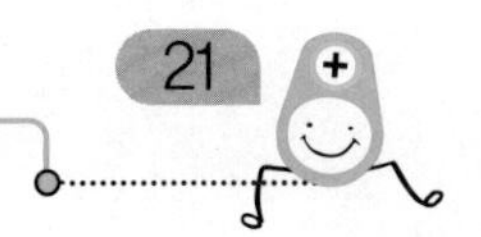

● |보기|와 같이 □ 안에 알맞은 소수를 쓰시오.

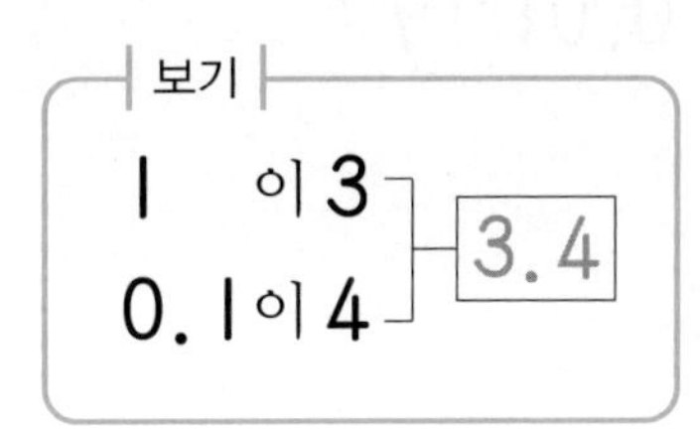

(1) 1 이 2, 0.1이 7 → □

(2) 1 이 4, 0.1이 4 → □

(3) 1 이 6, 0.1이 1 → □

(4) 1 이 8, 0.1이 2 → □

(5) 1 이 7, 0.1이 4 → □

(6) 1 이 14, 0.1이 2 → □

(7) 1 이 2, 0.1이 7 → □

(8) 1 이 2, 0.1 이 4, 0.01 이 8 → ☐

(12) 1 이 6, 0.1 이 3, 0.01 이 9 → ☐

(9) 1 이 3, 0.1 이 5, 0.01 이 1 → ☐

(13) 1 이 5, 0.1 이 2, 0.01 이 4 → ☐

★ (10) 1 이 1, 0.1 이 14, 0.01 이 7 → ☐

(14) 1 이 2, 0.1 이 5, 0.01 이 1 → ☐

(11) 1 이 4, 0.1 이 3, 0.01 이 5 → ☐

(15) 1 이 1, 0.1 이 3, 0.01 이 18 → ☐

● □ 안에 알맞은 수를 쓰시오.

(1) 7.5 ─ 1 이 □, 0.1 이 □

(2) 6.4 ─ 1 이 □, 0.1 이 □

(3) 2.15 ─ 1 이 □, 0.1 이 □, 0.01 이 □

(4) 4.987 ─ 1 이 □, 0.1 이 □, 0.01 이 □, 0.001 이 □

(5) 18.9 ─ 1 이 □, 0.1 이 □

(6) 0.82 ─ 0.1 이 □, 0.01 이 □

(7) 0.123 ─ 0.1 이 □, 0.01 이 □, 0.001 이 □

(8) 1.536 ─ 1 이 □, 0.1 이 □, 0.01 이 □, 0.001 이 □

(9) 1 이 8
0.1이 14 → □

(13) 1 이 2
0.1이 22 → □

(10) 1 이 7
0.1이 2 → □

(14) 0.1 이 1
0.01이 13 → □

(11) 1 이 8
0.1 이 6
0.01이 4 → □

(15) 0.1 이 2
0.01 이 4
0.001이 8 → □

(12) 1 이 3
0.1 이 14
0.01이 6 → □

(16) 1 이 7
0.1 이 6
0.01 이 4
0.001이 19 → □

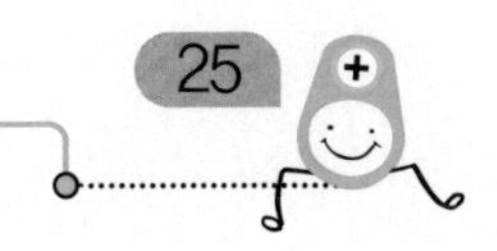

● □ 안에 알맞은 수를 쓰시오.

(1) 6.3 ─ 1 이 □, 0.1이 □

(5) 3.9 ─ 1 이 □, 0.1이 □

(2) 2.5 ─ 1 이 □, 0.1이 □

(6) 0.37 ─ 0.1 이 □, 0.01이 □

(3) 3.08 ─ 1 이 □, 0.1 이 □, 0.01이 □

(7) 8.52 ─ 1 이 □, 0.1 이 □, 0.01이 □

(4) 5.74 ─ 1 이 □, 0.1 이 □, 0.01이 □

(8) 0.691 ─ 0.1 이 □, 0.01 이 □, 0.001이 □

(9) 1 이 5
0.1이 18 ┤ □

(13) 1 이 11
0.1이 4 ┤ □

(10) 1 이 1
0.1이 2 ┤ □

(14) 0.1 이 1
0.01이 2 ┤ □

(11) 1 이 8
0.1 이 4 ┤ □
0.01이 2

(15) 0.1 이 4
0.01 이 7 ┤ □
0.001이 6

(12) 1 이 4
0.1 이 16 ┤ □
0.01이 8

(16) 0.1 이 2
0.01 이 0 ┤ □
0.001이 3

● |보기|와 같이 소수의 덧셈을 하시오.

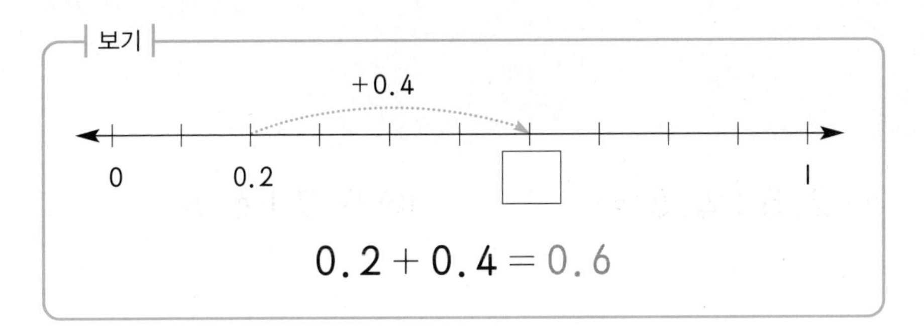

(1) 0.6 + 0.2 =

(2) 0.6 + 0.3 =

(3) 0.6 + 0.4 =

(4) 0.6 + 0.5 =

(5) 1.6 + 0.5 =

(6) 1.6 + 1.5 =

(7) 0.8 + 1.3 =

(8) 1.4 + 2.8 =

0.3 + 0.7 = 1 ➡ 1.0과 1은 같은 수입니다.
따라서 1.0에서 오른쪽 끝자리 숫자 0을 생략하여 나타낼 수 있습니다.
1.0 = 1,　　0.1 = 0.10

(9) $2.4+3.1=$

(14) $0.4+3.8=$

(10) $2.5+4.5=$

(15) $5.7+6.5=$

(11) $4.3+1.8=$

(16) $7.3+4.9=$

(12) $0.2+1.9=$

(17) $0.4+5.2=$

(13) $3.8+2.3=$

(18) $2.6+1.3=$

● |보기|와 같이 소수의 덧셈을 하시오.

보기

$$\begin{array}{r} 0.4 \\ +\,0.3 \\ \hline 0.7 \end{array} \qquad \begin{array}{r} 1.2 \\ +\,4.9 \\ \hline 6.1 \end{array}$$

소수의 덧셈에서는 소수점의 위치를 맞추어서 더합니다.

(1) $\begin{array}{r} 0.3 \\ +\,0.5 \\ \hline \end{array}$

(2) $\begin{array}{r} 0.1 \\ +\,0.6 \\ \hline \end{array}$

(3) $\begin{array}{r} 0.3 \\ +\,0.7 \\ \hline \end{array}$

(4) $\begin{array}{r} 0.2 \\ +\,0.6 \\ \hline \end{array}$

(5) $\begin{array}{r} 0.6 \\ +\,0.7 \\ \hline \end{array}$

(6) $\begin{array}{r} 0.5 \\ +\,0.4 \\ \hline \end{array}$

(7)
$$\begin{array}{r} 5.8 \\ +\ 0.4 \\ \hline \end{array}$$

(8)
$$\begin{array}{r} 4.7 \\ +\ 3.5 \\ \hline \end{array}$$

(9)
$$\begin{array}{r} 3.2 \\ +\ 4.8 \\ \hline \end{array}$$

(10)
$$\begin{array}{r} 0.4 \\ +\ 7.8 \\ \hline \end{array}$$

(11) $0.4+0.2=$

(12)
$$\begin{array}{r} 1.5 \\ +\ 2.6 \\ \hline \end{array}$$

(13)
$$\begin{array}{r} 4.1 \\ +\ 2.8 \\ \hline \end{array}$$

(14)
$$\begin{array}{r} 2.8 \\ +\ 0.5 \\ \hline \end{array}$$

(15)
$$\begin{array}{r} 3.3 \\ +\ 1.5 \\ \hline \end{array}$$

(16) $0.8+0.3=$

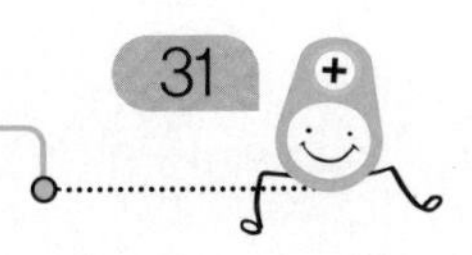

● 소수의 덧셈을 하시오.

(1) $\begin{array}{r} 7.2 \\ +\ 2.4 \\ \hline \end{array}$

(2) $\begin{array}{r} 3.8 \\ +\ 5.6 \\ \hline \end{array}$

(3) $\begin{array}{r} 6.4 \\ +\ 3.9 \\ \hline \end{array}$

★(4) $\begin{array}{r} 18.5 \\ +\ 0.7 \\ \hline \end{array}$

(5) $\begin{array}{r} 13.3 \\ +\ 1.7 \\ \hline \end{array}$

(6) $\begin{array}{r} 8.2 \\ +\ 1.7 \\ \hline \end{array}$

(7) $\begin{array}{r} 2.3 \\ +\ 14.8 \\ \hline \end{array}$

(8) $\begin{array}{r} 6.8 \\ +\ 11.9 \\ \hline \end{array}$

(9)
$$\begin{array}{r} 2.1 \\ +\ 5.4 \\ \hline \end{array}$$

(10)
$$\begin{array}{r} 14.2 \\ +\ \ 1.2 \\ \hline \end{array}$$

(11)
$$\begin{array}{r} 4.6 \\ +\ 2.3 \\ \hline \end{array}$$

(12)
$$\begin{array}{r} 5.8 \\ +\ 12.7 \\ \hline \end{array}$$

(13) $5.1 + 4.5 =$

(14)
$$\begin{array}{r} 16.8 \\ +\ \ 2.1 \\ \hline \end{array}$$

(15)
$$\begin{array}{r} 7.3 \\ +\ 3.9 \\ \hline \end{array}$$

(16)
$$\begin{array}{r} 3.8 \\ +\ 9.3 \\ \hline \end{array}$$

(17)
$$\begin{array}{r} 8.2 \\ +\ 18.7 \\ \hline \end{array}$$

(18) $4.8 + 0.4 =$

● 소수의 덧셈을 하시오.

(1) $\begin{array}{r} 5.1 \\ +\ 0.8 \\ \hline \end{array}$

(2) $\begin{array}{r} 6.3 \\ +\ 2.4 \\ \hline \end{array}$

(3) $\begin{array}{r} 7.5 \\ +\ 1.2 \\ \hline \end{array}$

(4) $\begin{array}{r} 1.8 \\ +\ 4.9 \\ \hline \end{array}$

(5) $\begin{array}{r} 5.3 \\ +\ 2.3 \\ \hline \end{array}$

(6) $\begin{array}{r} 9.4 \\ +\ 3.8 \\ \hline \end{array}$

(7) $\begin{array}{r} 8.6 \\ +\ 4.8 \\ \hline \end{array}$

(8) $\begin{array}{r} 6.3 \\ +\ 5.5 \\ \hline \end{array}$

(9)
$$\begin{array}{r} 7.5 \\ +\ 1.4 \\ \hline \end{array}$$

(10)
$$\begin{array}{r} 6.8 \\ +\ 0.1 \\ \hline \end{array}$$

(11)
$$\begin{array}{r} 8.5 \\ +\ 2.9 \\ \hline \end{array}$$

(12)
$$\begin{array}{r} 2.8 \\ +\ 5.7 \\ \hline \end{array}$$

(13) $7.4+3.3=$

(14)
$$\begin{array}{r} 4.9 \\ +\ 0.1 \\ \hline \end{array}$$

(15)
$$\begin{array}{r} 5.8 \\ +\ 4.9 \\ \hline \end{array}$$

(16)
$$\begin{array}{r} 11.3 \\ +\ \ \ 2.5 \\ \hline \end{array}$$

(17)
$$\begin{array}{r} 3.7 \\ +\ 15.4 \\ \hline \end{array}$$

(18) $7.6+3.4=$

● 소수의 덧셈을 하시오.

(1)
$$\begin{array}{r} 5.6 \\ +\ 1.3 \\ \hline \end{array}$$

(2)
$$\begin{array}{r} 4.8 \\ +\ 3.7 \\ \hline \end{array}$$

(3)
$$\begin{array}{r} 0.07 \\ +\ 0.02 \\ \hline \end{array}$$

(4)
$$\begin{array}{r} 5.16 \\ +\ 2.31 \\ \hline \end{array}$$

(5)
$$\begin{array}{r} 2 \\ +\ 5.6 \\ \hline \end{array}$$

(6)
$$\begin{array}{r} 1.15 \\ +\ 1.04 \\ \hline \end{array}$$

(7)
$$\begin{array}{r} 3.24 \\ +\ 5.6 \\ \hline \end{array}$$

(8)
$$\begin{array}{r} 2.3 \\ +\ 4.57 \\ \hline \end{array}$$

자리값이 다른 두 소수의 덧셈을 할 때도 소수점을 맞추어 같은 자릿수끼리 계산합니다.

$$\begin{array}{r} 1.0 \\ +\ 4.7 \\ \hline 5.7 \end{array} \qquad \begin{array}{r} 2.14 \\ +\ 1.50 \\ \hline 3.64 \end{array}$$

← 빈자리는 0으로 생각하여 계산합니다.

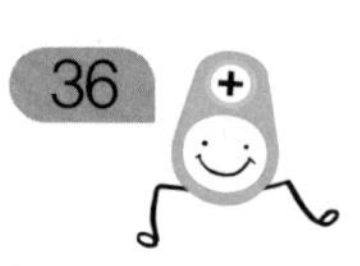

(9) $\begin{array}{r} 7.6 \\ +\ 1.2 \\ \hline \end{array}$

(10) $\begin{array}{r} 8.4 \\ +\ 4.8 \\ \hline \end{array}$

(11) $\begin{array}{r} 2.01 \\ +\ 8.78 \\ \hline \end{array}$

(12) $\begin{array}{r} 3.14 \\ +\ 5.29 \\ \hline \end{array}$

(13) $7.4 + 1.3 =$

(14) $\begin{array}{r} 6.02 \\ +\ 2.4 \\ \hline \end{array}$

(15) $\begin{array}{r} 9.51 \\ +\ 0.7 \\ \hline \end{array}$

(16) $\begin{array}{r} 5.3 \\ +\ 1 \\ \hline \end{array}$

(17) $\begin{array}{r} 4.3 \\ +\ 7.88 \\ \hline \end{array}$

(18) $3.12 + 4.64 =$

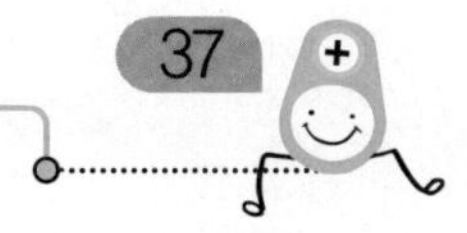

● 소수의 덧셈을 하시오.

(1)
$$\begin{array}{r} 3.8 \\ +\ 0.7 \\ \hline \end{array}$$

(2)
$$\begin{array}{r} 15.3 \\ +\ \ 0.7 \\ \hline \end{array}$$

(3)
$$\begin{array}{r} 2.04 \\ +\ 1.03 \\ \hline \end{array}$$

(4)
$$\begin{array}{r} 4.15 \\ +\ 0.35 \\ \hline \end{array}$$

(5)
$$\begin{array}{r} 7.08 \\ +\ 2.02 \\ \hline \end{array}$$

(6)
$$\begin{array}{l} \ \ \ 0.4 \\ +\ 0.02 \\ \hline \end{array}$$

(7)
$$\begin{array}{l} \ \ \ 0.25 \\ +\ 0.4 \\ \hline \end{array}$$

(8)
$$\begin{array}{r} 12.02 \\ +\ \ \ 5.1\ \ \\ \hline \end{array}$$

(9) $$\begin{array}{r} 6.3 \\ +\ 2.4 \\ \hline \end{array}$$

(10) $$\begin{array}{r} 2.11 \\ +\ 5.76 \\ \hline \end{array}$$

(11) $$\begin{array}{r} 4.97 \\ +\ 8.6 \\ \hline \end{array}$$

(12) $$\begin{array}{r} 5.48 \\ +\ 2.79 \\ \hline \end{array}$$

(13) $4.83 + 1.14 =$

(14) $$\begin{array}{r} 13.1 \\ +\ \ 3.9 \\ \hline \end{array}$$

(15) $$\begin{array}{r} 7.33 \\ +\ 6.88 \\ \hline \end{array}$$

(16) $$\begin{array}{r} 2.21 \\ +\ 5.3 \\ \hline \end{array}$$

(17) $$\begin{array}{r} 8.73 \\ +\ 4.8 \\ \hline \end{array}$$

(18) $2.04 + 8.51 =$

● 소수의 덧셈을 하시오.

(1)
$$\begin{array}{r} 6.6 \\ +\ 5.8 \\ \hline \end{array}$$

(2)
$$\begin{array}{r} 13.1 \\ +\ 11.2 \\ \hline \end{array}$$

(3)
$$\begin{array}{r} 5.3 \\ +\ 1.32 \\ \hline \end{array}$$

(4)
$$\begin{array}{r} 7.51 \\ +\ 3.82 \\ \hline \end{array}$$

(5)
$$\begin{array}{r} 3.87 \\ +\ 4.6 \\ \hline \end{array}$$

(6)
$$\begin{array}{r} 2.48 \\ +\ 7.34 \\ \hline \end{array}$$

(7)
$$\begin{array}{r} 2.86 \\ +\ 4.34 \\ \hline \end{array}$$

(8)
$$\begin{array}{r} 4.7 \\ +\ 5.85 \\ \hline \end{array}$$

(9)
$$\begin{array}{r} 6.8 \\ +\ 2.3 \\ \hline \end{array}$$

(10)
$$\begin{array}{r} 4.89 \\ +\ 2.35 \\ \hline \end{array}$$

(11)
$$\begin{array}{r} 9.34 \\ +\ 6.32 \\ \hline \end{array}$$

(12)
$$\begin{array}{r} 25.8 \\ +\ \ \ 9.3 \\ \hline \end{array}$$

(13) $2.81+3.81=$

(14)
$$\begin{array}{r} 3.9 \\ +\ 5.15 \\ \hline \end{array}$$

(15)
$$\begin{array}{r} 4.05 \\ +\ 1.32 \\ \hline \end{array}$$

(16)
$$\begin{array}{r} 2.08 \\ +\ 5.5 \\ \hline \end{array}$$

(17)
$$\begin{array}{r} 7.6 \\ +\ 2.54 \\ \hline \end{array}$$

(18) $7.64+1.4=$

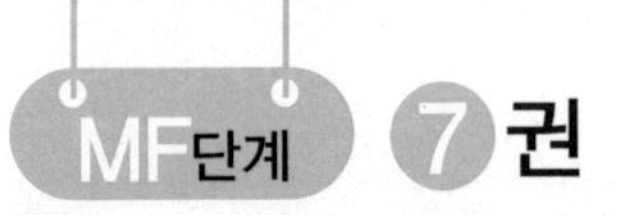

소수의 덧셈과 뺄셈 (2)

요일	교재 번호	학습한 날짜	확인
1일차(월)	01~08	월 일	
2일차(화)	09~16	월 일	
3일차(수)	17~24	월 일	
4일차(목)	25~32	월 일	
5일차(금)	33~40	월 일	

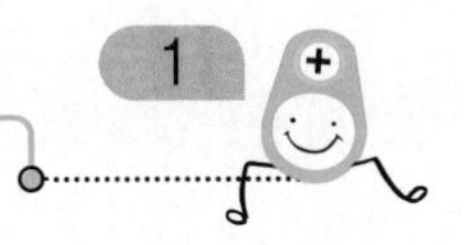

● 소수의 덧셈을 하시오.

(1)
$$\begin{array}{r} 2.3 \\ +\ 4.1 \\ \hline \end{array}$$

(2)
$$\begin{array}{r} 7.14 \\ +\ 1.34 \\ \hline \end{array}$$

(3)
$$\begin{array}{r} 8.56 \\ +\ 0.72 \\ \hline \end{array}$$

(4)
$$\begin{array}{r} 14.6 \\ +\ \ 2.4 \\ \hline \end{array}$$

(5)
$$\begin{array}{r} 3.52 \\ +\ 1.5 \\ \hline \end{array}$$

(6)
$$\begin{array}{r} 4.38 \\ +\ 4.63 \\ \hline \end{array}$$

(7)
$$\begin{array}{r} 2.1 \\ +\ 3.07 \\ \hline \end{array}$$

(8)
$$\begin{array}{r} 7.1 \\ +\ 3.8 \\ \hline \end{array}$$

(9)
$$\begin{array}{r} 4.9 \\ +\ 2.3 \\ \hline \end{array}$$

(10)
$$\begin{array}{r} 7.5 \\ +\ 16.3 \\ \hline \end{array}$$

(11)
$$\begin{array}{r} 2.07 \\ +\ 3.25 \\ \hline \end{array}$$

(12)
$$\begin{array}{r} 2.84 \\ +\ 5.13 \\ \hline \end{array}$$

(13) $6.83 + 3.11 =$

(14)
$$\begin{array}{l} \ \ \ 7.41 \\ +\ 3.8 \\ \hline \end{array}$$

(15)
$$\begin{array}{r} 2.76 \\ +\ 3.35 \\ \hline \end{array}$$

(16)
$$\begin{array}{l} \ \ \ 5.4 \\ +\ 6.13 \\ \hline \end{array}$$

(17)
$$\begin{array}{l} \ \ \ 4.27 \\ +\ 7.6 \\ \hline \end{array}$$

(18) $3.14 + 1.4 =$

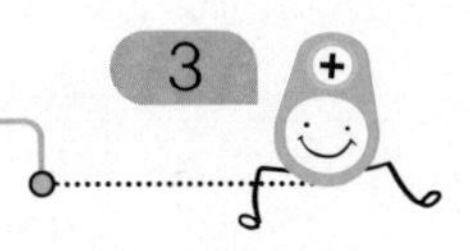

● 소수의 덧셈을 하시오.

(1)
$$\begin{array}{r} 0.05 \\ +\ 0.42 \\ \hline \end{array}$$

(2)
$$\begin{array}{r} 8.12 \\ +\ 0.54 \\ \hline \end{array}$$

(3)
$$\begin{array}{r} 0.004 \\ +\ 0.003 \\ \hline \end{array}$$

(4)
$$\begin{array}{r} 0.001 \\ +\ 0.803 \\ \hline \end{array}$$

(5)
$$\begin{array}{r} 0.007 \\ +\ 0.01 \\ \hline \end{array}$$

(6)
$$\begin{array}{r} 0.042 \\ +\ 3.803 \\ \hline \end{array}$$

(7)
$$\begin{array}{r} 1.344 \\ +\ 2.91 \\ \hline \end{array}$$

(8)
$$\begin{array}{r} 3.107 \\ +\ 4.5 \\ \hline \end{array}$$

(9)
$$\begin{array}{r} 2.15 \\ +\ 0.87 \\ \hline \end{array}$$

(10)
$$\begin{array}{r} 5.46 \\ +\ 16.33 \\ \hline \end{array}$$

(11)
$$\begin{array}{r} 4.234 \\ +\ 0.507 \\ \hline \end{array}$$

(12)
$$\begin{array}{r} 0.938 \\ +\ 0.814 \\ \hline \end{array}$$

(13) $0.23 + 0.005 =$

(14)
$$\begin{array}{r} 8.91 \\ +\ 1.09 \\ \hline \end{array}$$

(15)
$$\begin{array}{r} 3.105 \\ +\ 4.461 \\ \hline \end{array}$$

(16)
$$\begin{array}{r} 14.734 \\ +\ \ \ 1.72 \\ \hline \end{array}$$

(17)
$$\begin{array}{r} 6.98 \\ +\ 1.308 \\ \hline \end{array}$$

(18) $0.873 + 0.021 =$

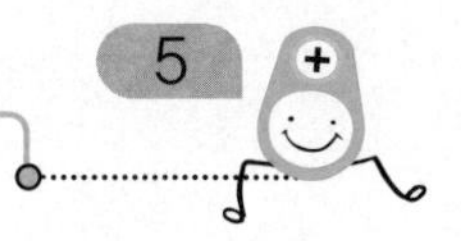

● 소수의 덧셈을 하시오.

(1)
$$\begin{array}{r} 4.84 \\ +\ 2.82 \\ \hline \end{array}$$

(2)
$$\begin{array}{r} 4.325 \\ +\ 2.53 \\ \hline \end{array}$$

(3)
$$\begin{array}{r} 3.141 \\ +\ 8.709 \\ \hline \end{array}$$

(4)
$$\begin{array}{r} 7.652 \\ +\ 4.636 \\ \hline \end{array}$$

(5)
$$\begin{array}{r} 9.303 \\ +\ 8.006 \\ \hline \end{array}$$

(6)
$$\begin{array}{r} 2.636 \\ +\ 14.4 \\ \hline \end{array}$$

(7)
$$\begin{array}{r} 2.304 \\ +\ 4.08 \\ \hline \end{array}$$

(8)
$$\begin{array}{r} 5.41 \\ +\ 5.209 \\ \hline \end{array}$$

(9)
$$\begin{array}{r} 7.52 \\ +\ 1.48 \\ \hline \end{array}$$

(10)
$$\begin{array}{r} 3.405 \\ +\ 0.773 \\ \hline \end{array}$$

(11)
$$\begin{array}{r} 9.324 \\ +\ 0.821 \\ \hline \end{array}$$

(12)
$$\begin{array}{r} 6.802 \\ +\ 0.57 \\ \hline \end{array}$$

(13) $0.2 + 1.701 =$

(14)
$$\begin{array}{r} 5.165 \\ +\ 3.209 \\ \hline \end{array}$$

(15)
$$\begin{array}{r} 10.79 \\ +\ 5.804 \\ \hline \end{array}$$

(16)
$$\begin{array}{r} 8.7 \\ +\ 7.351 \\ \hline \end{array}$$

(17)
$$\begin{array}{r} 1.965 \\ +\ 12.3 \\ \hline \end{array}$$

(18) $2.14 + 7.003 =$

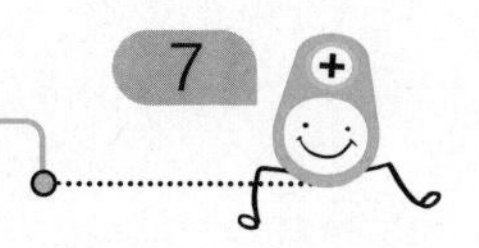

● 소수의 덧셈을 하시오.

(1)
$$\begin{array}{r} 8.37 \\ +\ 7.25 \\ \hline \end{array}$$

(2)
$$\begin{array}{r} 13.404 \\ +\ \ 2.463 \\ \hline \end{array}$$

(3)
$$\begin{array}{r} 2.865 \\ +\ 4.505 \\ \hline \end{array}$$

(4)
$$\begin{array}{r} 12.543 \\ +\ \ 0.62 \\ \hline \end{array}$$

(5)
$$\begin{array}{r} 4.252 \\ +\ 6.841 \\ \hline \end{array}$$

(6)
$$\begin{array}{r} 15.8 \\ +\ \ 1.632 \\ \hline \end{array}$$

(7)
$$\begin{array}{l} \ \ 2.706 \\ +\ 3.9 \\ \hline \end{array}$$

(8)
$$\begin{array}{r} 4.34 \\ +\ 5.729 \\ \hline \end{array}$$

(9)
$$\begin{array}{r} 12.53 \\ +\ \ 6.95 \\ \hline \end{array}$$

(10)
$$\begin{array}{r} 5.895 \\ +\ 11.304 \\ \hline \end{array}$$

(11)
$$\begin{array}{r} 7.704 \\ +\ 0.862 \\ \hline \end{array}$$

(12)
$$\begin{array}{r} 0.78 \\ +\ 8.544 \\ \hline \end{array}$$

(13) $3 + 7.983 =$

(14)
$$\begin{array}{r} 5.282 \\ +\ 5.703 \\ \hline \end{array}$$

(15)
$$\begin{array}{r} 4.627 \\ +\ 5.09 \\ \hline \end{array}$$

(16)
$$\begin{array}{r} 2.56 \\ +\ 10.828 \\ \hline \end{array}$$

(17)
$$\begin{array}{r} 22.357 \\ +\ \ 5.91 \\ \hline \end{array}$$

(18) $4.025 + 5.205 =$

● 소수의 덧셈을 하시오.

(1)
$$\begin{array}{r} 7.74 \\ +\ 0.02 \\ \hline \end{array}$$

(2)
$$\begin{array}{r} 0.482 \\ +\ 5.303 \\ \hline \end{array}$$

(3)
$$\begin{array}{r} 6.205 \\ +\ 3.009 \\ \hline \end{array}$$

(4)
$$\begin{array}{r} 10.855 \\ +\ \ \ 6.04\ \ \\ \hline \end{array}$$

(5)
$$\begin{array}{r} 2.485 \\ +\ 3.423 \\ \hline \end{array}$$

(6)
$$\begin{array}{r} 2.506 \\ +\ 13.84\ \ \\ \hline \end{array}$$

(7)
$$\begin{array}{l} \ \ \ 1.253 \\ +\ 5.6 \\ \hline \end{array}$$

(8)
$$\begin{array}{l} \ \ \ \ 0.312 \\ +\ 17.4 \\ \hline \end{array}$$

(9)
$$\begin{array}{r@{}l} & 2&.59 \\ + & 4&.31 \\ \hline \end{array}$$

(10)
$$\begin{array}{r@{}l} & 7&.403 \\ + & 1&.205 \\ \hline \end{array}$$

(11)
$$\begin{array}{r@{}l} & 0&.804 \\ + & 4&.008 \\ \hline \end{array}$$

(12)
$$\begin{array}{r@{}l} & 7&.207 \\ + & 6&.3 \\ \hline \end{array}$$

(13) $5.62 + 3.005 =$

(14)
$$\begin{array}{r@{}l} & 1&.236 \\ + & 12&.706 \\ \hline \end{array}$$

(15)
$$\begin{array}{r@{}l} & 0&.505 \\ + & 34&.07 \\ \hline \end{array}$$

(16)
$$\begin{array}{r@{}l} & 5&.348 \\ + & 6&.91 \\ \hline \end{array}$$

(17)
$$\begin{array}{r@{}l} & 13& \\ + & 9&.241 \\ \hline \end{array}$$

(18) $4.5 + 11.205 =$

● 소수의 덧셈을 하시오.

(1)
$$\begin{array}{r} 0.5 \\ +\ 0.1 \\ \hline \end{array}$$

(2)
$$\begin{array}{r} 0.81 \\ +\ 7.11 \\ \hline \end{array}$$

(3)
$$\begin{array}{r} 2.24 \\ +\ 9.32 \\ \hline \end{array}$$

(4)
$$\begin{array}{r} 4.873 \\ +\ 3.01 \\ \hline \end{array}$$

(5)
$$\begin{array}{r} 7.8 \\ +\ 10.8 \\ \hline \end{array}$$

(6)
$$\begin{array}{r} 10.34 \\ +\ \ 9.24 \\ \hline \end{array}$$

(7)
$$\begin{array}{r} 6.8 \\ +\ 5.84 \\ \hline \end{array}$$

(8)
$$\begin{array}{r} 0.07 \\ +\ 6 \\ \hline \end{array}$$

(9)
$$\begin{array}{r} 0.29 \\ +\ 0.04 \\ \hline \end{array}$$

(10)
$$\begin{array}{r} 4.36 \\ +\ 9.15 \\ \hline \end{array}$$

(11)
$$\begin{array}{r} 2.1 \\ +\ 3.25 \\ \hline \end{array}$$

(12)
$$\begin{array}{r} 5.02 \\ +\ 0.39 \\ \hline \end{array}$$

(13) $5.13 + 0.84 =$

(14)
$$\begin{array}{r} 8.04 \\ +\ 2.73 \\ \hline \end{array}$$

(15)
$$\begin{array}{r} 0.5 \\ +\ 4.43 \\ \hline \end{array}$$

(16)
$$\begin{array}{r} 5.12 \\ +\ 3.4 \\ \hline \end{array}$$

(17)
$$\begin{array}{r} 17 \\ +\ \ 2.1 \\ \hline \end{array}$$

(18) $3.18 + 5 =$

● 소수의 덧셈을 하시오.

(1) $\begin{array}{r} 6.15 \\ +\ 2.45 \\ \hline \end{array}$

(2) $\begin{array}{r} 0.003 \\ +\ 0.755 \\ \hline \end{array}$

(3) $\begin{array}{r} 3.573 \\ +\ 4.034 \\ \hline \end{array}$

(4) $\begin{array}{r} 7.463 \\ +\ 7.21 \\ \hline \end{array}$

(5) $\begin{array}{r} 1.45 \\ +\ 2.48 \\ \hline \end{array}$

(6) $\begin{array}{r} 2.341 \\ +\ 12.902 \\ \hline \end{array}$

(7) $\begin{array}{l} \ \ 8.514 \\ +\ 3 \\ \hline \end{array}$

(8) $\begin{array}{r} 1.74 \\ +\ 13.515 \\ \hline \end{array}$

(9)
$$\begin{array}{r} 6.43 \\ +\ 1.33 \\ \hline \end{array}$$

(10)
$$\begin{array}{r} 8.114 \\ +\ 21.803 \\ \hline \end{array}$$

(11)
$$\begin{array}{r} 2.513 \\ +\ 6.008 \\ \hline \end{array}$$

(12)
$$\begin{array}{r} 0.807 \\ +\ 6.93 \\ \hline \end{array}$$

(13) $3.41 + 7.59 =$

(14)
$$\begin{array}{r} 7.51 \\ +\ 7.43 \\ \hline \end{array}$$

(15)
$$\begin{array}{r} 1.032 \\ +\ 8.251 \\ \hline \end{array}$$

(16)
$$\begin{array}{r} 7.629 \\ +\ 0.09 \\ \hline \end{array}$$

(17)
$$\begin{array}{r} 30.163 \\ +\ \ \ 2.745 \\ \hline \end{array}$$

(18) $2.103 + 21.03 =$

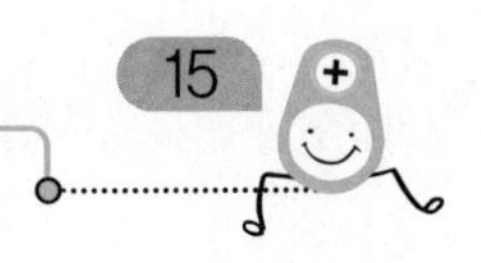

● 소수의 덧셈을 하시오.

(1)
$$\begin{array}{r} 11.43 \\ +\ \ 7.82 \\ \hline \end{array}$$

(2)
$$\begin{array}{r} 9.517 \\ +\ 12.201 \\ \hline \end{array}$$

(3)
$$\begin{array}{r} 4.145 \\ +\ 6.772 \\ \hline \end{array}$$

(4)
$$\begin{array}{l} \ \ \ 2.821 \\ +\ 6.11 \\ \hline \end{array}$$

(5)
$$\begin{array}{r} 4.346 \\ +\ 2.463 \\ \hline \end{array}$$

(6)
$$\begin{array}{l} \ \ \ 0.139 \\ +\ 7.5 \\ \hline \end{array}$$

(7)
$$\begin{array}{l} \ \ \ 7 \\ +\ 3.007 \\ \hline \end{array}$$

(8)
$$\begin{array}{r} 5.324 \\ +\ 13.94 \\ \hline \end{array}$$

(9)
$$\begin{array}{r} 17.45 \\ +\ \ 3.08 \\ \hline \end{array}$$

(10)
$$\begin{array}{l} \ \ \ 4.346 \\ +\ 7.43 \\ \hline \end{array}$$

(11)
$$\begin{array}{r} 1.082 \\ +\ 5.583 \\ \hline \end{array}$$

(12)
$$\begin{array}{r} 7.763 \\ +\ 1.208 \\ \hline \end{array}$$

(13) $8.57 + 60.3 =$

(14)
$$\begin{array}{r} 4.127 \\ +\ 2.536 \\ \hline \end{array}$$

(15)
$$\begin{array}{l} \ \ \ 6.14 \\ +\ 7.132 \\ \hline \end{array}$$

(16)
$$\begin{array}{l} \ \ \ 2.839 \\ +\ 1.79 \\ \hline \end{array}$$

(17)
$$\begin{array}{l} \ \ \ 3.54 \\ +\ 4.064 \\ \hline \end{array}$$

(18) $2.416 + 6 =$

● 소수의 덧셈을 하시오.

(1)
$$\begin{array}{r} 7.6 \\ +\ 2.7 \\ \hline \end{array}$$

(2)
$$\begin{array}{r} 9.4 \\ +\ 1.9 \\ \hline \end{array}$$

(3)
$$\begin{array}{r} 0.54 \\ +\ 8.85 \\ \hline \end{array}$$

(4)
$$\begin{array}{r} 2.47 \\ +\ 8.91 \\ \hline \end{array}$$

(5)
$$\begin{array}{r} 2.51 \\ +\ 4.35 \\ \hline \end{array}$$

(6)
$$\begin{array}{r} 6.8 \\ +\ 1.46 \\ \hline \end{array}$$

(7)
$$\begin{array}{r} 7.02 \\ +\ 20 \\ \hline \end{array}$$

(8)
$$\begin{array}{r} 3.4 \\ +\ 6.24 \\ \hline \end{array}$$

(9)
$$\begin{array}{r} 0.8 \\ +\ 12.5 \\ \hline \end{array}$$

(10)
$$\begin{array}{r} 3.74 \\ +\ 1.29 \\ \hline \end{array}$$

(11)
$$\begin{array}{r} 5.16 \\ +\ 6.82 \\ \hline \end{array}$$

(12)
$$\begin{array}{r} 4.2 \\ +\ 6.24 \\ \hline \end{array}$$

(13) $1.36 + 8.42 =$

(14)
$$\begin{array}{r} 0.7 \\ +\ 5.6 \\ \hline \end{array}$$

(15)
$$\begin{array}{r} 5.83 \\ +\ 3.24 \\ \hline \end{array}$$

(16)
$$\begin{array}{r} 8.35 \\ +\ 4.6 \\ \hline \end{array}$$

(17)
$$\begin{array}{r} 4 \\ +\ 5.41 \\ \hline \end{array}$$

(18) $5.01 + 2.3 =$

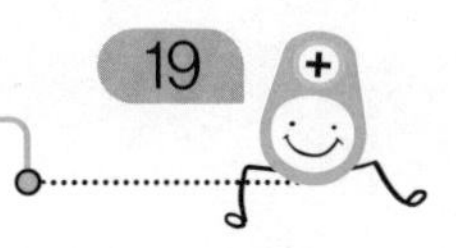

● 소수의 덧셈을 하시오.

(1)
$$\begin{array}{r} 4.03 \\ +\ 7.81 \\ \hline \end{array}$$

(5)
$$\begin{array}{r} 3.16 \\ +\ 4.1 \\ \hline \end{array}$$

(2)
$$\begin{array}{r} 9.251 \\ +\ 8.234 \\ \hline \end{array}$$

(6)
$$\begin{array}{r} 6.382 \\ +\ 0.604 \\ \hline \end{array}$$

(3)
$$\begin{array}{r} 6.04 \\ +\ 10.8 \\ \hline \end{array}$$

(7)
$$\begin{array}{r} 3.408 \\ +\ 12.77 \\ \hline \end{array}$$

(4)
$$\begin{array}{r} 3.548 \\ +\ 5.311 \\ \hline \end{array}$$

(8)
$$\begin{array}{r} 7.655 \\ +\ 3.4 \\ \hline \end{array}$$

(9)
$$\begin{array}{r} 4.14 \\ +\ 5.03 \\ \hline \end{array}$$

(10)
$$\begin{array}{r} 2.51 \\ +\ 4.536 \\ \hline \end{array}$$

(11)
$$\begin{array}{r} 1.043 \\ +\ 8.112 \\ \hline \end{array}$$

(12)
$$\begin{array}{r} 7.26 \\ +\ 3.1 \\ \hline \end{array}$$

(13) $7.06 + 3.54 =$

(14)
$$\begin{array}{r} 9.5 \\ +\ 11.84 \\ \hline \end{array}$$

(15)
$$\begin{array}{r} 6.768 \\ +\ 4.782 \\ \hline \end{array}$$

(16)
$$\begin{array}{r} 4.793 \\ +\ 1.198 \\ \hline \end{array}$$

(17)
$$\begin{array}{r} 5.475 \\ +\ 12.7 \\ \hline \end{array}$$

(18) $2.13 + 5.324 =$

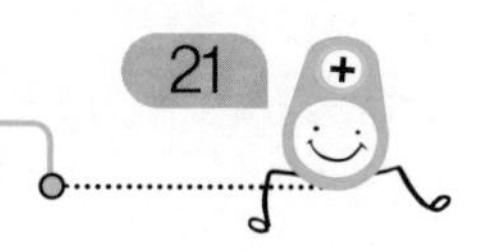

● 잘못 계산한 것을 찾아 ×하고, |보기|와 같이 바르게 고치시오.

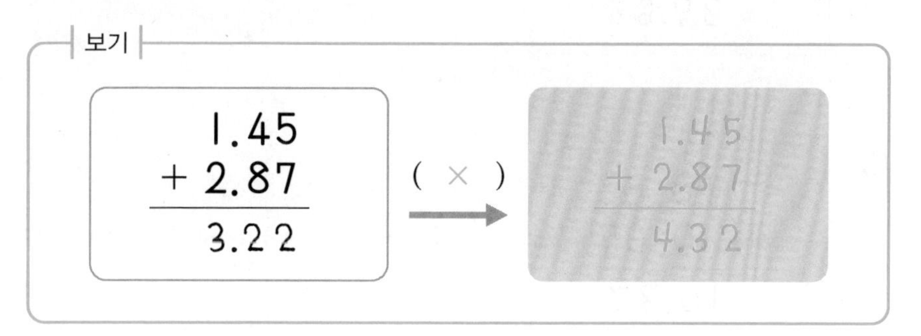

(1)

$$\begin{array}{r} 2.8 \\ +\ 3.44 \\ \hline 5.24 \end{array}$$

( )

(2)

$$\begin{array}{r} 1.31 \\ +\ 0.7 \\ \hline 2.01 \end{array}$$

( )

(3)

$$\begin{array}{r} 0.012 \\ +\ 2.34 \\ \hline 2.35 \end{array}$$

( )

Talk 소수의 덧셈에서는 검산을 하기 전에 소수점의 위치가 맞는지 먼저 확인한 후, 받아올림에 주의하여 계산합니다.

(4)

$$\begin{array}{r} 2.7 \\ +\ 12.65 \\ \hline 39.65 \end{array}$$

( ) →

(5)

$$\begin{array}{r} 10.8 \\ +\ \ 0.07 \\ \hline 10.87 \end{array}$$

( ) →

(6)

$$\begin{array}{l} \ \ 13.59 \\ +\ 1.6 \\ \hline \ \ 29.59 \end{array}$$

( ) →

(7)

$$\begin{array}{l} \ \ 21.4 \\ +\ 0.069 \\ \hline \ \ \ 2.209 \end{array}$$

( ) →

(8)

$$\begin{array}{r} 4.87 \\ +\ 10.13 \\ \hline 58.83 \end{array}$$

( ) →

● 잘못 계산한 것을 찾아 ×하고, |보기|와 같이 바르게 고치시오.

|보기|

$2.48+12.3=37.1$ (×) →

$$\begin{array}{r} 2.48 \\ +\ 12.3 \\ \hline 14.78 \end{array}$$

(1)

$10.8+6.44=7.52$ (　) →

(2)

$6.18+0.28=8.98$ (　) →

(3)

$1.31+0.09=1.4$ (　) →

Talk 가로셈을 세로셈으로 고쳐 계산할 때, 소수점의 위치에 주의하세요.

(4)

$2.7+12.65=14.35$ (　　) →

(5)

$10.6+0.008=10.68$ (　　) →

(6)

$11.2+0.05=11.7$ (　　) →

(7)

$4.67+12.5=16.17$ (　　) →

(8)

$3.76+20.24=24$ (　　) →

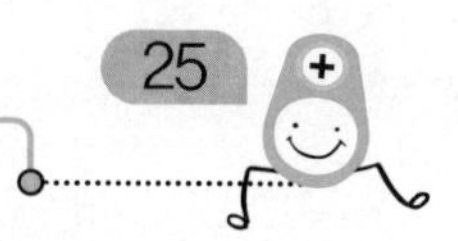

● 소수의 덧셈을 하시오.

(1)
$$\begin{array}{r} 8.3 \\ +\ 4.4 \\ \hline \end{array}$$

(2)
$$\begin{array}{r} 4.5 \\ +\ 6.3 \\ \hline \end{array}$$

(3)
$$\begin{array}{r} 3.07 \\ +\ 1.54 \\ \hline \end{array}$$

(4)
$$\begin{array}{r} 7.08 \\ +\ 3.82 \\ \hline \end{array}$$

(5)
$$\begin{array}{r} 14.81 \\ +\ \ 0.63 \\ \hline \end{array}$$

(6)
$$\begin{array}{l} \ \ 8.04 \\ +\ 5.4 \\ \hline \end{array}$$

(7)
$$\begin{array}{l} \ \ 3.4 \\ +\ 1.26 \\ \hline \end{array}$$

(8)
$$\begin{array}{l} \ \ 5.12 \\ +\ 3.9 \\ \hline \end{array}$$

(9)
$$\begin{array}{r} 0.31 \\ +\ 12.83 \\ \hline \end{array}$$

(10)
$$\begin{array}{r} 4.361 \\ +\ 5.743 \\ \hline \end{array}$$

(11)
$$\begin{array}{l} \ \ 5.31 \\ +\ 8 \\ \hline \end{array}$$

(12)
$$\begin{array}{l} \ \ 2.513 \\ +\ 7.93 \\ \hline \end{array}$$

(13) $7.32+0.64=$

(14)
$$\begin{array}{l} \ \ 9.2 \\ +\ 2.34 \\ \hline \end{array}$$

(15)
$$\begin{array}{r} 6.134 \\ +\ 0.148 \\ \hline \end{array}$$

(16)
$$\begin{array}{r} 6.041 \\ +\ 9.266 \\ \hline \end{array}$$

(17)
$$\begin{array}{r} 18.204 \\ +\ \ \ 0.8 \\ \hline \end{array}$$

(18) $2.554+8.33=$

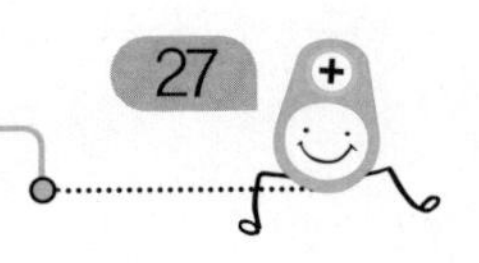

● |보기|와 같이 소수의 뺄셈을 하시오.

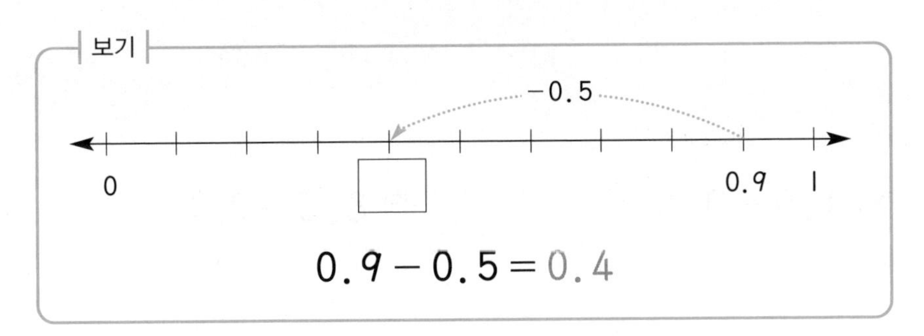

(1) 0.5 − 0.3 =

(2) 0.4 − 0.2 =

(3) 1.7 − 0.1 =

(4) 1.6 − 0.5 =

(5) 0.8 − 0.4 =

(6) 2.8 − 1.8 =

(7) 1.1 − 0.2 =

(8) 2.3 − 1.4 =

(9) $0.9-0.6=$

(10) $1.9-0.6=$

(11) $1.5-1.3=$

(12) $7.6-3.4=$

(13) $4.4-0.9=$

(14) $3.7-1.5=$

(15) $8.5-2.4=$

(16) $2.8-0.8=$

(17) $6.5-3.1=$

(18) $5.3-0.7=$

● |보기|와 같이 소수의 뺄셈을 하시오.

|보기|

$$\begin{array}{r} 0.9 \\ -\ 0.5 \\ \hline 0.4 \end{array} \qquad \begin{array}{r} 7.5 \\ -\ 5.6 \\ \hline 1.9 \end{array}$$

소수의 뺄셈에서는 소수점의 위치를 맞추어서 뺍니다.

(1)
$$\begin{array}{r} 0.8 \\ -\ 0.3 \\ \hline \end{array}$$

(4)
$$\begin{array}{r} 0.7 \\ -\ 0.5 \\ \hline \end{array}$$

(2)
$$\begin{array}{r} 0.6 \\ -\ 0.4 \\ \hline \end{array}$$

(5)
$$\begin{array}{r} 0.4 \\ -\ 0.3 \\ \hline \end{array}$$

(3)
$$\begin{array}{r} 3.9 \\ -\ 1.7 \\ \hline \end{array}$$

(6)
$$\begin{array}{r} 7.3 \\ -\ 2.3 \\ \hline \end{array}$$

(7)
$$\begin{array}{r} 8.4 \\ -\ 5.3 \\ \hline \end{array}$$

(8)
$$\begin{array}{r} 6.9 \\ -\ 2.5 \\ \hline \end{array}$$

(9)
$$\begin{array}{r} 4.8 \\ -\ 0.5 \\ \hline \end{array}$$

(10)
$$\begin{array}{r} 5.6 \\ -\ 3.8 \\ \hline \end{array}$$

(11) $9.3-7.1=$

(12)
$$\begin{array}{r} 6.8 \\ -\ 1.4 \\ \hline \end{array}$$

(13)
$$\begin{array}{r} 3.5 \\ -\ 2.1 \\ \hline \end{array}$$

(14)
$$\begin{array}{r} 9.7 \\ -\ 0.5 \\ \hline \end{array}$$

(15)
$$\begin{array}{r} 7.5 \\ -\ 5.6 \\ \hline \end{array}$$

(16) $5.3-2.3=$

● 소수의 뺄셈을 하시오.

(1) $\begin{array}{r} 4.3 \\ -\ 2.9 \\ \hline \end{array}$

(2) $\begin{array}{r} 7.5 \\ -\ 5.8 \\ \hline \end{array}$

(3) $\begin{array}{r} 9.3 \\ -\ 3.7 \\ \hline \end{array}$

(4) $\begin{array}{r} 3.5 \\ -\ 2.3 \\ \hline \end{array}$

(5) $\begin{array}{r} 14.6 \\ -\ 2.4 \\ \hline \end{array}$

(6) $\begin{array}{r} 4.6 \\ -\ 2.8 \\ \hline \end{array}$

(7) $\begin{array}{r} 5.3 \\ -\ 2.1 \\ \hline \end{array}$

(8) $\begin{array}{r} 8.9 \\ -\ 1.4 \\ \hline \end{array}$

(9) $$\begin{array}{r} 5.6 \\ -\ 1.5 \\ \hline \end{array}$$

(10) $$\begin{array}{r} 7.3 \\ -\ 3.9 \\ \hline \end{array}$$

(11) $$\begin{array}{r} 9.7 \\ -\ 4.2 \\ \hline \end{array}$$

(12) $$\begin{array}{r} 8.4 \\ -\ 5.3 \\ \hline \end{array}$$

(13) $5.8 - 4.6 =$

(14) $$\begin{array}{r} 6.3 \\ -\ 3.1 \\ \hline \end{array}$$

(15) $$\begin{array}{r} 4.3 \\ -\ 3.4 \\ \hline \end{array}$$

(16) $$\begin{array}{r} 3.4 \\ -\ 2.6 \\ \hline \end{array}$$

(17) $$\begin{array}{r} 6.2 \\ -\ 1.4 \\ \hline \end{array}$$

(18) $4.5 - 2.1 =$

● 소수의 뺄셈을 하시오.

(1)
$$\begin{array}{r} 7.6 \\ -\ 3.5 \\ \hline \end{array}$$

(2)
$$\begin{array}{r} 3.4 \\ -\ 0.8 \\ \hline \end{array}$$

(3)
$$\begin{array}{r} 5.8 \\ -\ 2.4 \\ \hline \end{array}$$

(4)
$$\begin{array}{r} 8.6 \\ -\ 5.3 \\ \hline \end{array}$$

(5)
$$\begin{array}{r} 9.4 \\ -\ 8.2 \\ \hline \end{array}$$

(6)
$$\begin{array}{r} 6.2 \\ -\ 1.5 \\ \hline \end{array}$$

(7)
$$\begin{array}{r} 7.6 \\ -\ 2.8 \\ \hline \end{array}$$

(8)
$$\begin{array}{r} 4.1 \\ -\ 2.3 \\ \hline \end{array}$$

(9) $\begin{array}{r} 8.8 \\ -\ 1.6 \\ \hline \end{array}$

(10) $\begin{array}{r} 4.9 \\ -\ 0.9 \\ \hline \end{array}$

(11) $\begin{array}{r} 5.2 \\ -\ 3.7 \\ \hline \end{array}$

(12) $\begin{array}{r} 4.5 \\ -\ 1.3 \\ \hline \end{array}$

(13) $3.6 - 2.3 =$

(14) $\begin{array}{r} 9.3 \\ -\ 7.5 \\ \hline \end{array}$

(15) $\begin{array}{r} 7.8 \\ -\ 4.6 \\ \hline \end{array}$

(16) $\begin{array}{r} 8.2 \\ -\ 2.4 \\ \hline \end{array}$

(17) $\begin{array}{r} 6.3 \\ -\ 4.8 \\ \hline \end{array}$

(18) $8.7 - 4.5 =$

● 소수의 뺄셈을 하시오.

(1)
$$\begin{array}{r} 8.6 \\ -\ 3.4 \\ \hline \end{array}$$

(2)
$$\begin{array}{r} 3.5 \\ -\ 1.4 \\ \hline \end{array}$$

(3)
$$\begin{array}{r} 0.04 \\ -\ 0.02 \\ \hline \end{array}$$

(4)
$$\begin{array}{r} 0.96 \\ -\ 0.33 \\ \hline \end{array}$$

(5)
$$\begin{array}{r} 6.78 \\ -\ 2.38 \\ \hline \end{array}$$

(6)
$$\begin{array}{l} \ \ \ 5.81 \\ -\ 3.5 \\ \hline \end{array}$$

(7)
$$\begin{array}{l} \ \ \ 7.77 \\ -\ 4.5 \\ \hline \end{array}$$

★(8)
$$\begin{array}{l} \ \ \ 5.3 \\ -\ 0.15 \\ \hline \end{array}$$

자리값이 다른 두 소수의 뺄셈을 할 때도 소수점을 맞추어 같은 자릿수끼리 계산합니다.

$$\begin{array}{r} 5.20 \\ -\ 2.17 \\ \hline 3.03 \end{array}$$ ← 빈자리는 0으로 생각하여 계산합니다.

(9) $\begin{array}{r} 8.8 \\ -\ 4.5 \\ \hline \end{array}$

(10) $\begin{array}{r} 7.51 \\ -\ 2.5 \\ \hline \end{array}$

(11) $\begin{array}{r} 8.27 \\ -\ 6.45 \\ \hline \end{array}$

(12) $\begin{array}{r} 4.18 \\ -\ 0.34 \\ \hline \end{array}$

(13) $2.98 - 0.91 =$

(14) $\begin{array}{r} 4.36 \\ -\ 1.5 \\ \hline \end{array}$

(15) $\begin{array}{r} 4.4 \\ -\ 1.9 \\ \hline \end{array}$

(16) $\begin{array}{r} 3.5 \\ -\ 1.71 \\ \hline \end{array}$

(17) $\begin{array}{r} 4.25 \\ -\ 1.3 \\ \hline \end{array}$

(18) $5.86 - 0.13 =$

● 소수의 뺄셈을 하시오.

(1) $\begin{array}{r} 6.8 \\ -\ 2.1 \\ \hline \end{array}$

(2) $\begin{array}{r} 5.47 \\ -\ 1.32 \\ \hline \end{array}$

(3) $\begin{array}{r} 5.84 \\ -\ 2.31 \\ \hline \end{array}$

(4) $\begin{array}{r} 7.2 \\ -\ 2.18 \\ \hline \end{array}$

(5) $\begin{array}{r} 3.7 \\ -\ 1.9 \\ \hline \end{array}$

(6) $\begin{array}{r} 5.32 \\ -\ 2.25 \\ \hline \end{array}$

(7) $\begin{array}{r} 10.76 \\ -\ \ \ 1.4 \\ \hline \end{array}$

(8) $\begin{array}{r} 3.72 \\ -\ 2 \\ \hline \end{array}$

(9)
$$\begin{array}{r} 3.8 \\ -\ 1.9 \\ \hline \end{array}$$

(10)
$$\begin{array}{r} 17.5 \\ -\ 4.7 \\ \hline \end{array}$$

(11)
$$\begin{array}{r} 8.72 \\ -\ 2.53 \\ \hline \end{array}$$

(12)
$$\begin{array}{r} 5.82 \\ -\ 3.06 \\ \hline \end{array}$$

(13) $4.53 - 2.63 =$

(14)
$$\begin{array}{r} 2.84 \\ -\ 1.6 \\ \hline \end{array}$$

(15)
$$\begin{array}{r} 6.89 \\ -\ 1.09 \\ \hline \end{array}$$

(16)
$$\begin{array}{r} 9 \\ -\ 5.1 \\ \hline \end{array}$$

(17)
$$\begin{array}{r} 7.4 \\ -\ 2.37 \\ \hline \end{array}$$

(18) $8.51 - 2.3 =$

● 소수의 뺄셈을 하시오.

(1)
$$\begin{array}{r} 6.8 \\ -\ 0.9 \\ \hline \end{array}$$

(2)
$$\begin{array}{r} 4.34 \\ -\ 1.86 \\ \hline \end{array}$$

(3)
$$\begin{array}{r} 5.02 \\ -\ 0.32 \\ \hline \end{array}$$

(4)
$$\begin{array}{r} 7.3 \\ -\ 3.62 \\ \hline \end{array}$$

(5)
$$\begin{array}{r} 15.5 \\ -\ \ \ 1.1 \\ \hline \end{array}$$

(6)
$$\begin{array}{r} 8.97 \\ -\ 5.72 \\ \hline \end{array}$$

(7)
$$\begin{array}{r} 6.26 \\ -\ 3.7 \\ \hline \end{array}$$

(8)
$$\begin{array}{r} 10 \\ -\ \ 0.9 \\ \hline \end{array}$$

(9)
$$\begin{array}{r} 5.3 \\ -\ 1.2 \\ \hline \end{array}$$

(10)
$$\begin{array}{r} 8.7 \\ -\ 0.4 \\ \hline \end{array}$$

(11)
$$\begin{array}{r} 6.75 \\ -\ 3.41 \\ \hline \end{array}$$

(12)
$$\begin{array}{r} 4.3 \\ -\ 0.73 \\ \hline \end{array}$$

(13) $3.84 - 0.7 =$

(14)
$$\begin{array}{r} 9.53 \\ -\ 7.34 \\ \hline \end{array}$$

(15)
$$\begin{array}{r} 7.15 \\ -\ 3.83 \\ \hline \end{array}$$

(16)
$$\begin{array}{r} 2 \\ -\ 0.46 \\ \hline \end{array}$$

(17)
$$\begin{array}{r} 3.84 \\ -\ 1.9 \\ \hline \end{array}$$

(18) $4.36 - 1.35 =$

MF단계 7권

소수의 덧셈과 뺄셈 (3)

요일	교재 번호	학습한 날짜	확인
1일차(월)	01~08	월 일	
2일차(화)	09~16	월 일	
3일차(수)	17~24	월 일	
4일차(목)	25~32	월 일	
5일차(금)	33~40	월 일	

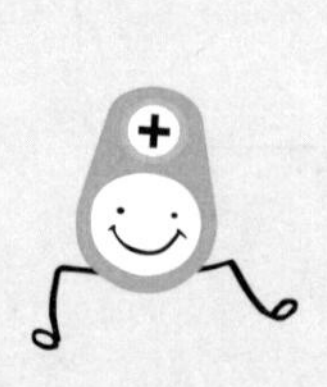

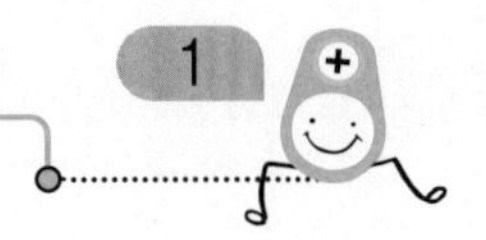

● 소수의 계산을 하시오.

(1)
$$\begin{array}{r} 0.4 \\ +\ 0.1 \\ \hline \end{array}$$

(2)
$$\begin{array}{r} 3.73 \\ +\ 0.42 \\ \hline \end{array}$$

(3)
$$\begin{array}{r} 7.36 \\ +\ 4.5 \\ \hline \end{array}$$

(4)
$$\begin{array}{r} 4.32 \\ +\ 1.15 \\ \hline \end{array}$$

(5)
$$\begin{array}{r} 5.1 \\ +\ 0.3 \\ \hline \end{array}$$

(6)
$$\begin{array}{r} 6.82 \\ +\ 2.34 \\ \hline \end{array}$$

(7)
$$\begin{array}{r} 4.07 \\ +\ 1.2 \\ \hline \end{array}$$

(8)
$$\begin{array}{r} 3 \\ +\ 0.9 \\ \hline \end{array}$$

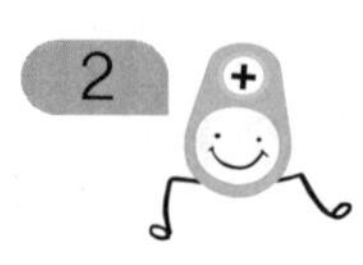

(9)
$$\begin{array}{r} 5.7 \\ -\ 2.8 \\ \hline \end{array}$$

(10)
$$\begin{array}{r} 6.34 \\ -\ 1.03 \\ \hline \end{array}$$

(11)
$$\begin{array}{r} 4.74 \\ -\ 1.28 \\ \hline \end{array}$$

(12)
$$\begin{array}{r} 3.8 \\ -\ 1.5 \\ \hline \end{array}$$

(13) $4.5 - 2.3 =$

(14)
$$\begin{array}{r} 9.15 \\ -\ 5.4 \\ \hline \end{array}$$

(15)
$$\begin{array}{r} 7.3 \\ -\ 5.84 \\ \hline \end{array}$$

(16)
$$\begin{array}{r} 8.53 \\ -\ 3.69 \\ \hline \end{array}$$

(17)
$$\begin{array}{r} 5 \\ -\ 2.25 \\ \hline \end{array}$$

(18) $2.89 - 0.26 =$

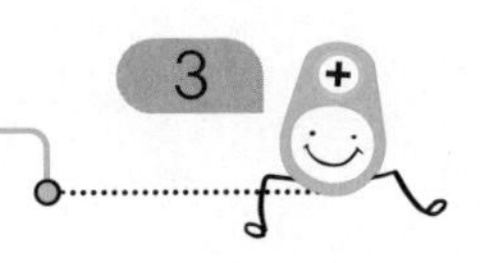

● 소수의 뺄셈을 하시오.

(1)
$$\begin{array}{r} 0.8 \\ -\ 0.5 \\ \hline \end{array}$$

(5)
$$\begin{array}{r} 16.9 \\ -\ \ 3.4 \\ \hline \end{array}$$

(2)
$$\begin{array}{r} 0.45 \\ -\ 0.32 \\ \hline \end{array}$$

(6)
$$\begin{array}{r} 6.9 \\ -\ 2.55 \\ \hline \end{array}$$

(3)
$$\begin{array}{r} 1.83 \\ -\ 0.56 \\ \hline \end{array}$$

(7)
$$\begin{array}{r} 10.8 \\ -\ \ 8.31 \\ \hline \end{array}$$

(4)
$$\begin{array}{r} 2.36 \\ -\ 1.2 \\ \hline \end{array}$$

(8)
$$\begin{array}{r} 4.92 \\ -\ 2 \\ \hline \end{array}$$

(9)
$$\begin{array}{r} 1.5 \\ -\ 0.7 \\ \hline \end{array}$$

(14)
$$\begin{array}{r} 5.86 \\ -\ 3.7 \\ \hline \end{array}$$

(10)
$$\begin{array}{r} 0.98 \\ -\ 0.08 \\ \hline \end{array}$$

(15)
$$\begin{array}{r} 6.2 \\ -\ 4.93 \\ \hline \end{array}$$

(11)
$$\begin{array}{r} 8.39 \\ -\ 0.44 \\ \hline \end{array}$$

(16)
$$\begin{array}{r} 14.1 \\ -\ \ \ 1.3 \\ \hline \end{array}$$

(12)
$$\begin{array}{r} 4.76 \\ -\ 2.57 \\ \hline \end{array}$$

(17)
$$\begin{array}{r} 3.9 \\ -\ 2.54 \\ \hline \end{array}$$

(13) $6.98-5.34=$

(18) $8.51-6.3=$

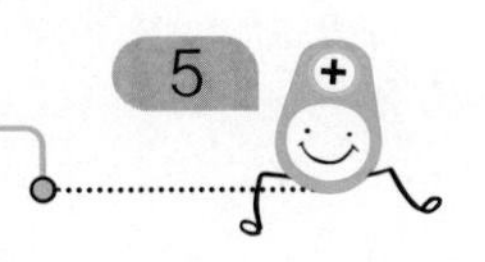

● 소수의 뺄셈을 하시오.

(1)
$$\begin{array}{r} 3.3 \\ -\ 1.8 \\ \hline \end{array}$$

(2)
$$\begin{array}{r} 5.96 \\ -\ 4.32 \\ \hline \end{array}$$

(3)
$$\begin{array}{r} 12.17 \\ -\ \ \ 0.51 \\ \hline \end{array}$$

(4)
$$\begin{array}{r} 7.6 \\ -\ 4.88 \\ \hline \end{array}$$

(5)
$$\begin{array}{r} 8.79 \\ -\ 3.83 \\ \hline \end{array}$$

(6)
$$\begin{array}{r} 6 \\ -\ 1.9 \\ \hline \end{array}$$

(7)
$$\begin{array}{r} 1 \\ -\ 0.6 \\ \hline \end{array}$$

(8)
$$\begin{array}{r} 9.43 \\ -\ 5.8 \\ \hline \end{array}$$

(9)
$$\begin{array}{r} 12.4 \\ -\ \ 8.2 \\ \hline \end{array}$$

(14)
$$\begin{array}{r} 10.09 \\ -\ \ 6.8 \\ \hline \end{array}$$

(10)
$$\begin{array}{r} 2.1 \\ -\ 0.45 \\ \hline \end{array}$$

(15)
$$\begin{array}{r} 7.34 \\ -\ 6.28 \\ \hline \end{array}$$

(11)
$$\begin{array}{r} 0.81 \\ -\ 0.73 \\ \hline \end{array}$$

(16)
$$\begin{array}{r} 8 \\ -\ 4.5 \\ \hline \end{array}$$

(12)
$$\begin{array}{r} 9.75 \\ -\ 7.84 \\ \hline \end{array}$$

(17)
$$\begin{array}{r} 10 \\ -\ \ 0.3 \\ \hline \end{array}$$

(13) $5.37 - 0.1 =$

(18) $7.6 - 2.24 =$

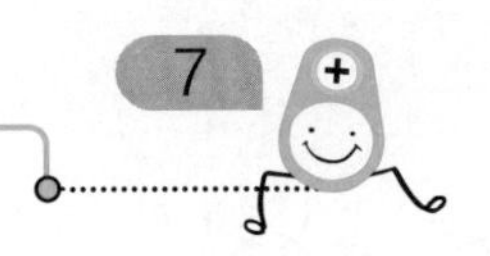

● 소수의 뺄셈을 하시오.

(1)
$$\begin{array}{r} 5.9 \\ -\ 0.8 \\ \hline \end{array}$$

(5)
$$\begin{array}{r} 2 \\ -\ 0.9 \\ \hline \end{array}$$

(2)
$$\begin{array}{r} 8.32 \\ -\ 4.9 \\ \hline \end{array}$$

(6)
$$\begin{array}{r} 3.49 \\ -\ 1.95 \\ \hline \end{array}$$

(3)
$$\begin{array}{r} 6.42 \\ -\ 3.15 \\ \hline \end{array}$$

(7)
$$\begin{array}{r} 4.13 \\ -\ 2.81 \\ \hline \end{array}$$

(4)
$$\begin{array}{r} 19.1 \\ -\ \ 4.5 \\ \hline \end{array}$$

(8)
$$\begin{array}{r} 11 \\ -\ \ 0.5 \\ \hline \end{array}$$

(9)
$$\begin{array}{r} 5.2 \\ -\ 3.8 \\ \hline \end{array}$$

(10)
$$\begin{array}{r} 6.28 \\ -\ 0.73 \\ \hline \end{array}$$

(11)
$$\begin{array}{r} 12 \\ -\ 2.6 \\ \hline \end{array}$$

(12)
$$\begin{array}{r} 3.24 \\ -\ 1.66 \\ \hline \end{array}$$

(13) $2.33 - 0.5 =$

(14)
$$\begin{array}{r} 7.37 \\ -\ 1.82 \\ \hline \end{array}$$

(15)
$$\begin{array}{r} 14 \\ -\ 8.3 \\ \hline \end{array}$$

(16)
$$\begin{array}{l} 8.41 \\ -\ 2.5 \\ \hline \end{array}$$

(17)
$$\begin{array}{l} 7.12 \\ -\ 5.6 \\ \hline \end{array}$$

(18) $3.9 - 1.44 =$

● 소수의 뺄셈을 하시오.

(1)
$$\begin{array}{r} 4.4 \\ -\ 2.6 \\ \hline \end{array}$$

(2)
$$\begin{array}{r} 5.66 \\ -\ 1.24 \\ \hline \end{array}$$

(3)
$$\begin{array}{r} 11.39 \\ -\ \ \ 5.41 \\ \hline \end{array}$$

(4)
$$\begin{array}{r} 3.53 \\ -\ 2.5 \\ \hline \end{array}$$

(5)
$$\begin{array}{r} 8 \\ -\ 7.8 \\ \hline \end{array}$$

(6)
$$\begin{array}{r} 3.87 \\ -\ 0.93 \\ \hline \end{array}$$

(7)
$$\begin{array}{r} 7.76 \\ -\ 2.8 \\ \hline \end{array}$$

(8)
$$\begin{array}{r} 10.81 \\ -\ \ \ 6.4 \\ \hline \end{array}$$

(9)
$$\begin{array}{r} 9.5 \\ -\ 1.2 \\ \hline \end{array}$$

(10)
$$\begin{array}{r} 3.48 \\ -\ 1.54 \\ \hline \end{array}$$

(11)
$$\begin{array}{r} 8.51 \\ -\ 5.8 \\ \hline \end{array}$$

(12)
$$\begin{array}{r} 7.84 \\ -\ 3.6 \\ \hline \end{array}$$

(13) $0.7 - 0.62 =$

(14)
$$\begin{array}{r} 2.31 \\ -\ 1.24 \\ \hline \end{array}$$

(15)
$$\begin{array}{r} 4.02 \\ -\ 2.33 \\ \hline \end{array}$$

(16)
$$\begin{array}{r} 5 \\ -\ 2.7 \\ \hline \end{array}$$

(17)
$$\begin{array}{r} 16 \\ -\ \ 5.5 \\ \hline \end{array}$$

(18) $4.08 - 2.5 =$

● 소수의 뺄셈을 하시오.

(1)
$$\begin{array}{r} 0.69 \\ -\ 0.48 \\ \hline \end{array}$$

(5)
$$\begin{array}{r} 4.887 \\ -\ 1.546 \\ \hline \end{array}$$

(2)
$$\begin{array}{r} 0.86 \\ -\ 0.43 \\ \hline \end{array}$$

(6)
$$\begin{array}{r} 8.35 \\ -\ 1.528 \\ \hline \end{array}$$

(3)
$$\begin{array}{r} 0.707 \\ -\ 0.003 \\ \hline \end{array}$$

(7)
$$\begin{array}{r} 3.349 \\ -\ 1.04 \\ \hline \end{array}$$

(4)
$$\begin{array}{r} 6.006 \\ -\ 3.004 \\ \hline \end{array}$$

(8)
$$\begin{array}{r} 9.56 \\ -\ 2.154 \\ \hline \end{array}$$

(9)
$$\begin{array}{r} 8.32 \\ -\ 6.51 \\ \hline \end{array}$$

(10)
$$\begin{array}{r} 9.24 \\ -\ 5.36 \\ \hline \end{array}$$

(11)
$$\begin{array}{r} 13.458 \\ -\ 7.533 \\ \hline \end{array}$$

(12)
$$\begin{array}{r} 4.355 \\ -\ 3.129 \\ \hline \end{array}$$

(13) $0.246 - 0.21 =$

(14)
$$\begin{array}{r} 7.876 \\ -\ 6.75 \\ \hline \end{array}$$

(15)
$$\begin{array}{r} 6.681 \\ -\ 3.254 \\ \hline \end{array}$$

(16)
$$\begin{array}{r} 14.145 \\ -\ 1.93 \\ \hline \end{array}$$

(17)
$$\begin{array}{r} 7.341 \\ -\ 5.48 \\ \hline \end{array}$$

(18) $0.506 - 0.004 =$

● 소수의 뺄셈을 하시오.

(1)
$$\begin{array}{r} 5.86 \\ -\ 2.59 \\ \hline \end{array}$$

(2)
$$\begin{array}{r} 8.35 \\ -\ 4.68 \\ \hline \end{array}$$

(3)
$$\begin{array}{r} 14.016 \\ -\ 3.423 \\ \hline \end{array}$$

(4)
$$\begin{array}{r} 7.982 \\ -\ 3.823 \\ \hline \end{array}$$

(5)
$$\begin{array}{r} 4.325 \\ -\ 0.072 \\ \hline \end{array}$$

(6)
$$\begin{array}{l} \ \ 1 \\ -\ 0.71 \\ \hline \end{array}$$

(7)
$$\begin{array}{l} \ \ 6.032 \\ -\ 5.4 \\ \hline \end{array}$$

(8)
$$\begin{array}{r} 10.14 \\ -\ 5.563 \\ \hline \end{array}$$

(9)
$$\begin{array}{r} 5.412 \\ -\ 3.811 \\ \hline \end{array}$$

(10)
$$\begin{array}{r} 23.95 \\ -\ 2.79 \\ \hline \end{array}$$

(11)
$$\begin{array}{l} \ \ \ 6.327 \\ -\ 2.58 \\ \hline \end{array}$$

(12)
$$\begin{array}{r} 12.408 \\ -\ 8.661 \\ \hline \end{array}$$

(13) $8.153 - 5 =$

(14)
$$\begin{array}{l} \ \ \ 4 \\ -\ 1.28 \\ \hline \end{array}$$

(15)
$$\begin{array}{l} \ \ \ 9 \\ -\ 7.38 \\ \hline \end{array}$$

(16)
$$\begin{array}{r} 8.516 \\ -\ 5.122 \\ \hline \end{array}$$

(17)
$$\begin{array}{l} \ \ \ 3.01 \\ -\ 1.146 \\ \hline \end{array}$$

(18) $7.548 - 6.3 =$

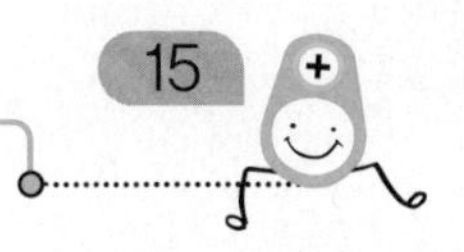

● 소수의 뺄셈을 하시오.

(1)
$$\begin{array}{r} 4.64 \\ -\ 2.31 \\ \hline \end{array}$$

(5)
$$\begin{array}{r} 8 \\ -\ 0.94 \\ \hline \end{array}$$

(2)
$$\begin{array}{r} 2.568 \\ -\ 0.653 \\ \hline \end{array}$$

(6)
$$\begin{array}{r} 7.2 \\ -\ 5.869 \\ \hline \end{array}$$

(3)
$$\begin{array}{r} 9.105 \\ -\ 2.243 \\ \hline \end{array}$$

(7)
$$\begin{array}{r} 5.318 \\ -\ 3.4 \\ \hline \end{array}$$

(4)
$$\begin{array}{r} 3.792 \\ -\ 1.631 \\ \hline \end{array}$$

(8)
$$\begin{array}{r} 6.74 \\ -\ 4.386 \\ \hline \end{array}$$

(9)
$$\begin{array}{r} 8 \\ -\ 5.81 \\ \hline \end{array}$$

(10)
$$\begin{array}{r} 7.27 \\ -\ 3.73 \\ \hline \end{array}$$

(11)
$$\begin{array}{r} 0.658 \\ -\ 0.464 \\ \hline \end{array}$$

(12)
$$\begin{array}{r} 2.7 \\ -\ 0.142 \\ \hline \end{array}$$

(13) $8.32-0.7=$

(14)
$$\begin{array}{r} 6.473 \\ -\ 4.765 \\ \hline \end{array}$$

(15)
$$\begin{array}{r} 5.86 \\ -\ 3.977 \\ \hline \end{array}$$

(16)
$$\begin{array}{r} 10.39 \\ -\ 5.788 \\ \hline \end{array}$$

(17)
$$\begin{array}{r} 19.47 \\ -\ 12.884 \\ \hline \end{array}$$

(18) $9.503-7.24=$

● 소수의 뺄셈을 하시오.

(1)
$$\begin{array}{r} 0.84 \\ -\ 0.41 \\ \hline \end{array}$$

(2)
$$\begin{array}{r} 4.933 \\ -\ 1.852 \\ \hline \end{array}$$

(3)
$$\begin{array}{r} 2 \\ -\ 0.81 \\ \hline \end{array}$$

(4)
$$\begin{array}{r} 0.829 \\ -\ 0.138 \\ \hline \end{array}$$

(5)
$$\begin{array}{r} 5.173 \\ -\ 2.332 \\ \hline \end{array}$$

(6)
$$\begin{array}{r} 7.2 \\ -\ 6.826 \\ \hline \end{array}$$

(7)
$$\begin{array}{r} 5.839 \\ -\ 4.38 \\ \hline \end{array}$$

(8)
$$\begin{array}{r} 19.542 \\ -\ \ \ 6.03 \\ \hline \end{array}$$

(9) $\begin{array}{r} 5.04 \\ -\ 3.43 \\ \hline \end{array}$

(10) $\begin{array}{r} 4.533 \\ -\ 2.812 \\ \hline \end{array}$

(11) $\begin{array}{r} 8.901 \\ -\ 5.803 \\ \hline \end{array}$

(12) $\begin{array}{r} 7.789 \\ -\ 4.609 \\ \hline \end{array}$

(13) $4.97-1.9=$

(14) $\begin{array}{r} 3.83 \\ -\ 1.734 \\ \hline \end{array}$

(15) $\begin{array}{r} 6.415 \\ -\ 3.5 \\ \hline \end{array}$

(16) $\begin{array}{r} 1 \\ -\ 0.36 \\ \hline \end{array}$

(17) $\begin{array}{r} 10 \\ -\ 5.37 \\ \hline \end{array}$

(18) $1-0.01=$

● 소수의 뺄셈을 하시오.

(1)
$$\begin{array}{r} 0.22 \\ -\ 0.11 \\ \hline \end{array}$$

(2)
$$\begin{array}{r} 3.877 \\ -\ 1.33 \\ \hline \end{array}$$

(3)
$$\begin{array}{r} 6.031 \\ -\ 4.321 \\ \hline \end{array}$$

(4)
$$\begin{array}{r} 2.348 \\ -\ 1.563 \\ \hline \end{array}$$

(5)
$$\begin{array}{r} 10.753 \\ -\ \ \ 8.832 \\ \hline \end{array}$$

(6)
$$\begin{array}{r} 24.542 \\ -\ \ \ 1.63 \\ \hline \end{array}$$

(7)
$$\begin{array}{l} \ \ 8 \\ -\ 0.009 \\ \hline \end{array}$$

(8)
$$\begin{array}{l} \ \ 5 \\ -\ 3.003 \\ \hline \end{array}$$

(9)
$$\begin{array}{r} 5.46 \\ -\ 1.73 \\ \hline \end{array}$$

(10)
$$\begin{array}{r} 10.84 \\ -\ \ 0.73 \\ \hline \end{array}$$

(11)
$$\begin{array}{r} 7.108 \\ -\ 5.325 \\ \hline \end{array}$$

(12)
$$\begin{array}{r} 4.209 \\ -\ 3.274 \\ \hline \end{array}$$

(13) $0.5 - 0.09 =$

(14)
$$\begin{array}{r} 8 \\ -\ 5.755 \\ \hline \end{array}$$

(15)
$$\begin{array}{r} 3.247 \\ -\ 1.803 \\ \hline \end{array}$$

(16)
$$\begin{array}{r} 6.148 \\ -\ 2.35 \\ \hline \end{array}$$

(17)
$$\begin{array}{r} 9 \\ -\ 7.142 \\ \hline \end{array}$$

(18) $0.9 - 0.007 =$

● 소수의 뺄셈을 하시오.

(1)
$$\begin{array}{r} 8.41 \\ -\ 0.71 \\ \hline \end{array}$$

(5)
$$\begin{array}{r} 2.541 \\ -\ 1.48 \\ \hline \end{array}$$

(2)
$$\begin{array}{r} 6.503 \\ -\ 4.802 \\ \hline \end{array}$$

(6)
$$\begin{array}{r} 5.413 \\ -\ 3.19 \\ \hline \end{array}$$

(3)
$$\begin{array}{r} 7.639 \\ -\ 0.645 \\ \hline \end{array}$$

(7)
$$\begin{array}{r} 3.06 \\ -\ 1.534 \\ \hline \end{array}$$

(4)
$$\begin{array}{r} 4.314 \\ -\ 2.502 \\ \hline \end{array}$$

(8)
$$\begin{array}{r} 15 \\ -\ 8.42 \\ \hline \end{array}$$

(9)
$$\begin{array}{r} 6.531 \\ -\ 4.6 \\ \hline \end{array}$$

(10)
$$\begin{array}{r} 1.3 \\ -\ 0.483 \\ \hline \end{array}$$

(11)
$$\begin{array}{r} 5.082 \\ -\ 3.261 \\ \hline \end{array}$$

(12)
$$\begin{array}{r} 4.73 \\ -\ 3.86 \\ \hline \end{array}$$

(13) $1 - 0.05 =$

(14)
$$\begin{array}{r} 9.285 \\ -\ 6.332 \\ \hline \end{array}$$

(15)
$$\begin{array}{r} 7.631 \\ -\ 5.304 \\ \hline \end{array}$$

(16)
$$\begin{array}{r} 2 \\ -\ 1.695 \\ \hline \end{array}$$

(17)
$$\begin{array}{r} 8.702 \\ -\ 6.8 \\ \hline \end{array}$$

(18) $1 - 0.007 =$

● 소수의 뺄셈을 하시오.

(1)
$$\begin{array}{r} 7.28 \\ -\ 0.95 \\ \hline \end{array}$$

(2)
$$\begin{array}{r} 6.514 \\ -\ 4.805 \\ \hline \end{array}$$

(3)
$$\begin{array}{r} 5.052 \\ -\ 1.637 \\ \hline \end{array}$$

(4)
$$\begin{array}{l} \ \ \ 4.903 \\ -\ 1.7 \\ \hline \end{array}$$

(5)
$$\begin{array}{r} 7.652 \\ -\ 4.731 \\ \hline \end{array}$$

(6)
$$\begin{array}{l} \ \ \ 3 \\ -\ 2.001 \\ \hline \end{array}$$

(7)
$$\begin{array}{l} \ \ \ 8 \\ -\ 5.305 \\ \hline \end{array}$$

(8)
$$\begin{array}{l} \ \ \ 2.1 \\ -\ 0.932 \\ \hline \end{array}$$

(9) $\begin{array}{r} 8.61 \\ -\ 7.75 \\ \hline \end{array}$

(10) $\begin{array}{r} 3.749 \\ -\ 1.235 \\ \hline \end{array}$

(11) $\begin{array}{l} \ \ 7 \\ -\ 2.033 \\ \hline \end{array}$

(12) $\begin{array}{r} 6.014 \\ -\ 5.331 \\ \hline \end{array}$

(13) $10 - 9.8 =$

(14) $\begin{array}{l} \ \ 2.135 \\ -\ 1.7 \\ \hline \end{array}$

(15) $\begin{array}{r} 9.128 \\ -\ 5.331 \\ \hline \end{array}$

(16) $\begin{array}{l} \ \ 4 \\ -\ 1.852 \\ \hline \end{array}$

(17) $\begin{array}{l} \ \ 3.8 \\ -\ 3.044 \\ \hline \end{array}$

(18) $10 - 9.99 =$

● 소수의 뺄셈을 하시오.

(1) $\begin{array}{r} 3.83 \\ -\ 1.45 \\ \hline \end{array}$

(2) $\begin{array}{r} 6.145 \\ -\ 4.373 \\ \hline \end{array}$

(3) $\begin{array}{r} 5.849 \\ -\ 2.693 \\ \hline \end{array}$

(4) $\begin{array}{r} 7.304 \\ -\ 5.4 \\ \hline \end{array}$

(5) $\begin{array}{r} 4.76 \\ -\ 2.8 \\ \hline \end{array}$

(6) $\begin{array}{r} 8.3 \\ -\ 4.67 \\ \hline \end{array}$

(7) $\begin{array}{r} 7.805 \\ -\ 3.462 \\ \hline \end{array}$

(8) $\begin{array}{r} 2.104 \\ -\ 1.35 \\ \hline \end{array}$

(9)
$$\begin{array}{r} 4.36 \\ -\ 2.53 \\ \hline \end{array}$$

(14)
$$\begin{array}{r} 3.42 \\ -\ 1.6 \\ \hline \end{array}$$

(10)
$$\begin{array}{r} 8.1 \\ -\ 6.33 \\ \hline \end{array}$$

(15)
$$\begin{array}{r} 5.203 \\ -\ 4.542 \\ \hline \end{array}$$

(11)
$$\begin{array}{r} 9.24 \\ -\ 3.6 \\ \hline \end{array}$$

(16)
$$\begin{array}{r} 6.177 \\ -\ 4.935 \\ \hline \end{array}$$

(12)
$$\begin{array}{r} 6.271 \\ -\ 3.508 \\ \hline \end{array}$$

(17)
$$\begin{array}{r} 7.003 \\ -\ 4.21 \\ \hline \end{array}$$

(13) $2 - 0.5 =$

(18) $5 - 0.05 =$

● 소수의 뺄셈을 하시오.

(1) $\begin{array}{r} 0.5 \\ -\ 0.2 \\ \hline \end{array}$

(2) $\begin{array}{r} 8.13 \\ -\ 7.4 \\ \hline \end{array}$

(3) $\begin{array}{r} 4.03 \\ -\ 1.92 \\ \hline \end{array}$

(4) $\begin{array}{r} 7.62 \\ -\ 2.8 \\ \hline \end{array}$

(5) $\begin{array}{r} 8.7 \\ -\ 4.8 \\ \hline \end{array}$

(6) $\begin{array}{r} 5.81 \\ -\ 1.52 \\ \hline \end{array}$

(7) $\begin{array}{r} 7.2 \\ -\ 3.35 \\ \hline \end{array}$

(8) $\begin{array}{r} 9.01 \\ -\ 7 \\ \hline \end{array}$

(9)
$$\begin{array}{r} 3.9 \\ -\ 0.6 \\ \hline \end{array}$$

(10)
$$\begin{array}{r} 7.04 \\ -\ 5.72 \\ \hline \end{array}$$

(11)
$$\begin{array}{r} 6.48 \\ -\ 2.75 \\ \hline \end{array}$$

(12)
$$\begin{array}{r} 2.6 \\ -\ 1.73 \\ \hline \end{array}$$

(13) $1-0.4=$

(14)
$$\begin{array}{r} 4.7 \\ -\ 2.2 \\ \hline \end{array}$$

(15)
$$\begin{array}{r} 5.67 \\ -\ 3.81 \\ \hline \end{array}$$

(16)
$$\begin{array}{r} 8.8 \\ -\ 6.06 \\ \hline \end{array}$$

(17)
$$\begin{array}{r} 9.3 \\ -\ 6.47 \\ \hline \end{array}$$

(18) $2-1.5=$

● 소수의 뺄셈을 하시오.

(1)
$$\begin{array}{r} 6.49 \\ -\ 3.67 \\ \hline \end{array}$$

(2)
$$\begin{array}{r} 7.52 \\ -\ 2.44 \\ \hline \end{array}$$

(3)
$$\begin{array}{r} 5.847 \\ -\ 1.252 \\ \hline \end{array}$$

(4)
$$\begin{array}{r} 9.107 \\ -\ 5.63 \\ \hline \end{array}$$

(5)
$$\begin{array}{r} 2.8 \\ -\ 0.45 \\ \hline \end{array}$$

(6)
$$\begin{array}{r} 8.53 \\ -\ 4.709 \\ \hline \end{array}$$

(7)
$$\begin{array}{r} 3.205 \\ -\ 1.833 \\ \hline \end{array}$$

(8)
$$\begin{array}{r} 4.213 \\ -\ 2.43 \\ \hline \end{array}$$

(9) $\begin{array}{r} 7.21 \\ -\ 5.57 \\ \hline \end{array}$

(10) $\begin{array}{r} 4.124 \\ -\ 2.36 \\ \hline \end{array}$

(11) $\begin{array}{r} 9.46 \\ -\ 6.9 \\ \hline \end{array}$

(12) $\begin{array}{r} 8.154 \\ -\ 7.332 \\ \hline \end{array}$

(13) $5.5 - 2.25 =$

(14) $\begin{array}{r} 13.53 \\ -\ \ 1.24 \\ \hline \end{array}$

(15) $\begin{array}{r} 5.28 \\ -\ 2.5 \\ \hline \end{array}$

(16) $\begin{array}{r} 2.047 \\ -\ 1.584 \\ \hline \end{array}$

(17) $\begin{array}{r} 2.073 \\ -\ 0.882 \\ \hline \end{array}$

(18) $10 - 9.99 =$

● 소수의 뺄셈을 하시오.

(1)
$$\begin{array}{r} 5.36 \\ -\ 3.92 \\ \hline \end{array}$$

(2)
$$\begin{array}{r} 4.687 \\ -\ 2.17 \\ \hline \end{array}$$

(3)
$$\begin{array}{r} 5.824 \\ -\ 1.001 \\ \hline \end{array}$$

(4)
$$\begin{array}{r} 6.079 \\ -\ 4.512 \\ \hline \end{array}$$

(5)
$$\begin{array}{r} 2.348 \\ -\ 0.934 \\ \hline \end{array}$$

(6)
$$\begin{array}{r} 2.4 \\ -\ 0.84 \\ \hline \end{array}$$

(7)
$$\begin{array}{r} 7.21 \\ -\ 3.522 \\ \hline \end{array}$$

(8)
$$\begin{array}{r} 10 \\ -\ \ 7.348 \\ \hline \end{array}$$

(9)
$$\begin{array}{r} 13.41 \\ -\ \ 0.25 \\ \hline \end{array}$$

(10)
$$\begin{array}{r} 10.2 \\ -\ \ 5.37 \\ \hline \end{array}$$

(11)
$$\begin{array}{r} 6.349 \\ -\ 3.157 \\ \hline \end{array}$$

(12)
$$\begin{array}{r} 6.301 \\ -\ 2.381 \\ \hline \end{array}$$

(13) $9-0.01=$

(14)
$$\begin{array}{r} 4.97 \\ -\ 1.534 \\ \hline \end{array}$$

(15)
$$\begin{array}{r} 5.294 \\ -\ 1.332 \\ \hline \end{array}$$

(16)
$$\begin{array}{r} 8.557 \\ -\ 6.784 \\ \hline \end{array}$$

(17)
$$\begin{array}{r} 7 \\ -\ 4.255 \\ \hline \end{array}$$

(18) $0.5-0.05=$

● 소수의 뺄셈을 하시오.

(1)
$$\begin{array}{r} 9.3 \\ -\ 7.4 \\ \hline \end{array}$$

(2)
$$\begin{array}{r} 4.805 \\ -\ 1.732 \\ \hline \end{array}$$

(3)
$$\begin{array}{r} 7.436 \\ -\ 6.312 \\ \hline \end{array}$$

(4)
$$\begin{array}{r} 3.504 \\ -\ 1.86 \\ \hline \end{array}$$

(5)
$$\begin{array}{r} 2.5 \\ -\ 1.4 \\ \hline \end{array}$$

(6)
$$\begin{array}{r} 4.24 \\ -\ 3.6 \\ \hline \end{array}$$

(7)
$$\begin{array}{r} 6.214 \\ -\ 3.402 \\ \hline \end{array}$$

(8)
$$\begin{array}{r} 8.53 \\ -\ 5.671 \\ \hline \end{array}$$

(9)
$$\begin{array}{r} 6.8 \\ -\ 5.7 \\ \hline \end{array}$$

(10)
$$\begin{array}{r} 5.087 \\ -\ 2.445 \\ \hline \end{array}$$

(11)
$$\begin{array}{r} 1.852 \\ -\ 0.684 \\ \hline \end{array}$$

(12)
$$\begin{array}{r} 4.572 \\ -\ 2.08 \\ \hline \end{array}$$

(13) $1 - 0.99 =$

(14)
$$\begin{array}{r} 17.2 \\ -\ \ \ 4.1 \\ \hline \end{array}$$

(15)
$$\begin{array}{r} 9.233 \\ -\ 6.48 \\ \hline \end{array}$$

(16)
$$\begin{array}{r} 8.09 \\ -\ 5.4 \\ \hline \end{array}$$

(17)
$$\begin{array}{r} 2.462 \\ -\ 1.532 \\ \hline \end{array}$$

(18) $1 - 0.998 =$

● 소수의 뺄셈을 하시오.

(1)
$$\begin{array}{r} 20.24 \\ -\ 5.41 \\ \hline \end{array}$$

(5)
$$\begin{array}{r} 4.25 \\ -\ 2.825 \\ \hline \end{array}$$

(2)
$$\begin{array}{r} 7.213 \\ -\ 4.411 \\ \hline \end{array}$$

(6)
$$\begin{array}{r} 5.404 \\ -\ 2.676 \\ \hline \end{array}$$

(3)
$$\begin{array}{r} 3.533 \\ -\ 0.842 \\ \hline \end{array}$$

(7)
$$\begin{array}{r} 6.12 \\ -\ 3.915 \\ \hline \end{array}$$

(4)
$$\begin{array}{r} 8.012 \\ -\ 5.031 \\ \hline \end{array}$$

(8)
$$\begin{array}{r} 2.577 \\ -\ 1.48 \\ \hline \end{array}$$

(9)
$$\begin{array}{r} 17.32 \\ -\ 0.81 \\ \hline \end{array}$$

(10)
$$\begin{array}{r} 9.742 \\ -\ 4.823 \\ \hline \end{array}$$

(11)
$$\begin{array}{r} 8.163 \\ -\ 4.362 \\ \hline \end{array}$$

(12)
$$\begin{array}{r} 2.1 \\ -\ 1.848 \\ \hline \end{array}$$

(13) $1-0.789=$

(14)
$$\begin{array}{r} 6.463 \\ -\ 4.125 \\ \hline \end{array}$$

(15)
$$\begin{array}{r} 5 \\ -\ 0.84 \\ \hline \end{array}$$

(16)
$$\begin{array}{r} 4 \\ -\ 0.999 \\ \hline \end{array}$$

(17)
$$\begin{array}{r} 3 \\ -\ 1.004 \\ \hline \end{array}$$

(18) $0.3-0.207=$

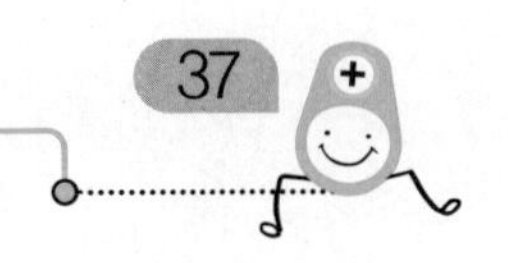

● 잘못 계산한 것을 찾아 ×하고, |보기|와 같이 바르게 고치시오.

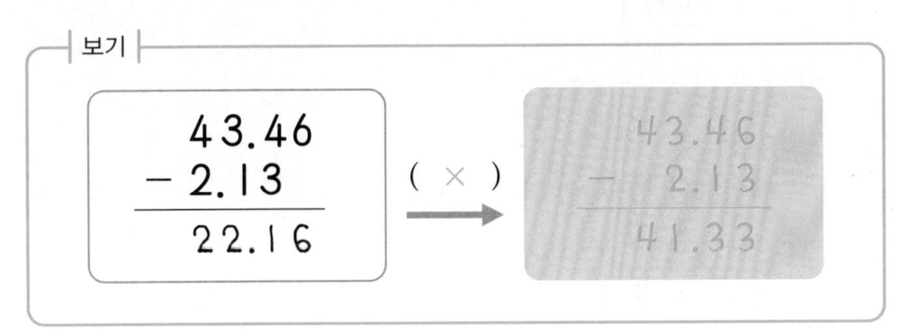

(1)

$$\begin{array}{r} 31.99 \\ -\ 0.166 \\ \hline 30.33 \end{array}$$

( )

(2)

$$\begin{array}{r} 24.3 \\ -\ \ 1.86 \\ \hline 22.44 \end{array}$$

( )

(3)

$$\begin{array}{r} 17 \\ -\ 1.5 \\ \hline 0.2 \end{array}$$

( )

Talk 검산을 하기 전에 소수점의 위치가 맞는지 먼저 확인합니다.

(4)

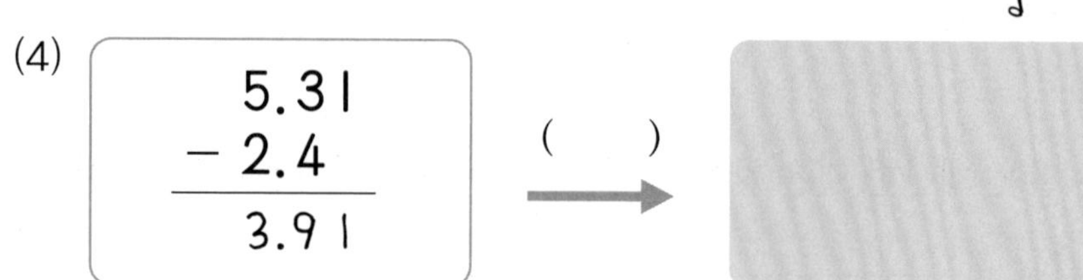

(5)

$$\begin{array}{r} 10.77 \\ -\ \ 8.9 \\ \hline 1.87 \end{array}$$

(　　) →

(6)

$$\begin{array}{r} 3.903 \\ -\ 2.65 \\ \hline 1.353 \end{array}$$

(　　) →

(7)

$$\begin{array}{l} \ \ 3.5 \\ -\ 1.786 \\ \hline \ \ 1.886 \end{array}$$

(　　) →

(8)

$$\begin{array}{l} \ \ 7 \\ -\ 3.001 \\ \hline \ \ 4.999 \end{array}$$

(　　) →

● 잘못 계산한 것을 찾아 ×하고, |보기|와 같이 바르게 고치시오.

|보기|

$5.3-1.84=3.54$ (×) →

$$\begin{array}{r} 5.3 \\ -\ 1.84 \\ \hline 3.46 \end{array}$$

(1)

$7.2-2.91=4.31$ (   ) →

(2)

$6.54-1.103=5.433$ (   ) →

(3)

$4.925-3.14=1.785$ (   ) →

(4)

$13.45 - 1.3 = 0.45$ (　　) →

(5)

$8.46 - 4.507 = 3.963$ (　　) →

(6)

$39.03 - 2.3 = 16.03$ (　　) →

(7)

$7.743 - 0.23 = 5.443$ (　　) →

(8)

$5.482 - 3.51 = 1.972$ (　　) →

MF단계 7권

학교 연산 대비하자

연산 UP

MF

연산 UP

1

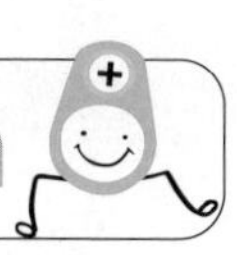

● 소수의 계산을 하시오.

(1)
$$\begin{array}{r} 0.5 \\ +\ 0.9 \\ \hline \end{array}$$

(2)
$$\begin{array}{r} 2.4 \\ +\ 0.8 \\ \hline \end{array}$$

(3)
$$\begin{array}{r} 0.6 \\ +\ 3.7 \\ \hline \end{array}$$

(4)
$$\begin{array}{r} 1.6 \\ +\ 5.5 \\ \hline \end{array}$$

(5)
$$\begin{array}{r} 0.78 \\ +\ 0.25 \\ \hline \end{array}$$

(6)
$$\begin{array}{r} 0.83 \\ +\ 0.97 \\ \hline \end{array}$$

(7)
$$\begin{array}{r} 1.47 \\ +\ 2.78 \\ \hline \end{array}$$

(8)
$$\begin{array}{r} 4.39 \\ +\ 3.62 \\ \hline \end{array}$$

(9)
$$\begin{array}{r} 1.2 \\ -\ 0.5 \\ \hline \end{array}$$

(10)
$$\begin{array}{r} 2.4 \\ -\ 0.8 \\ \hline \end{array}$$

(11)
$$\begin{array}{r} 3.6 \\ -\ 1.9 \\ \hline \end{array}$$

(12)
$$\begin{array}{r} 6.2 \\ -\ 4.7 \\ \hline \end{array}$$

(13) $1.4 + 3.8 =$

(14)
$$\begin{array}{r} 0.91 \\ -\ 0.45 \\ \hline \end{array}$$

(15)
$$\begin{array}{r} 2.37 \\ -\ 0.62 \\ \hline \end{array}$$

(16)
$$\begin{array}{r} 4.51 \\ -\ 2.86 \\ \hline \end{array}$$

(17)
$$\begin{array}{r} 8.14 \\ -\ 5.38 \\ \hline \end{array}$$

(18) $7.1 - 2.4 =$

MF

연산 UP 3

● 소수의 계산을 하시오.

(1)
$$\begin{array}{r} 0.36 \\ +\ 0.48 \\ \hline \end{array}$$

(2)
$$\begin{array}{r} 0.92 \\ +\ 0.65 \\ \hline \end{array}$$

(3)
$$\begin{array}{r} 1.54 \\ +\ 2.69 \\ \hline \end{array}$$

(4)
$$\begin{array}{r} 2.68 \\ +\ 4.73 \\ \hline \end{array}$$

(5)
$$\begin{array}{r} 0.657 \\ +\ 0.345 \\ \hline \end{array}$$

(6)
$$\begin{array}{r} 1.485 \\ +\ 0.786 \\ \hline \end{array}$$

(7)
$$\begin{array}{r} 2.973 \\ +\ 1.082 \\ \hline \end{array}$$

(8)
$$\begin{array}{r} 5.729 \\ +\ 1.564 \\ \hline \end{array}$$

(9)
$$\begin{array}{r} 0.41 \\ -\ 0.29 \\ \hline \end{array}$$

(10)
$$\begin{array}{r} 1.26 \\ -\ 0.38 \\ \hline \end{array}$$

(11)
$$\begin{array}{r} 6.32 \\ -\ 2.68 \\ \hline \end{array}$$

(12)
$$\begin{array}{r} 9.04 \\ -\ 3.27 \\ \hline \end{array}$$

(13) $4.65 + 1.48 =$

(14)
$$\begin{array}{r} 0.825 \\ -\ 0.669 \\ \hline \end{array}$$

(15)
$$\begin{array}{r} 2.804 \\ -\ 1.352 \\ \hline \end{array}$$

(16)
$$\begin{array}{r} 5.165 \\ -\ 3.907 \\ \hline \end{array}$$

(17)
$$\begin{array}{r} 7.631 \\ -\ 2.245 \\ \hline \end{array}$$

(18) $8.23 - 4.74 =$

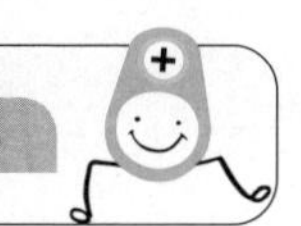

● 소수의 계산을 하시오.

(1)
$$\begin{array}{r} 0.7 \\ +\ 0.43 \\ \hline \end{array}$$

(2)
$$\begin{array}{r} 0.65 \\ +\ 2.9 \\ \hline \end{array}$$

(3)
$$\begin{array}{r} 1.8 \\ +\ 3.663 \\ \hline \end{array}$$

(4)
$$\begin{array}{r} 2.476 \\ +\ 2.7 \\ \hline \end{array}$$

(5)
$$\begin{array}{r} 0.9 \\ +\ 0.427 \\ \hline \end{array}$$

(6)
$$\begin{array}{r} 1.451 \\ +\ 1.57 \\ \hline \end{array}$$

(7)
$$\begin{array}{r} 3.39 \\ +\ 2.642 \\ \hline \end{array}$$

(8)
$$\begin{array}{r} 2.784 \\ +\ 5.83 \\ \hline \end{array}$$

(9)
$$\begin{array}{r} 0.63 \\ -\ 0.2 \\ \hline \end{array}$$

(10)
$$\begin{array}{r} 1.2 \\ -\ 0.53 \\ \hline \end{array}$$

(11)
$$\begin{array}{r} 3.72 \\ -\ 2.4 \\ \hline \end{array}$$

(12)
$$\begin{array}{r} 6.1 \\ -\ 4.66 \\ \hline \end{array}$$

(13) $6.74 + 2.5 =$

(14)
$$\begin{array}{r} 0.824 \\ -\ 0.46 \\ \hline \end{array}$$

(15)
$$\begin{array}{r} 2.9 \\ -\ 1.685 \\ \hline \end{array}$$

(16)
$$\begin{array}{r} 4.238 \\ -\ 1.26 \\ \hline \end{array}$$

(17)
$$\begin{array}{r} 7.03 \\ -\ 3.957 \\ \hline \end{array}$$

(18) $9.23 - 4.56 =$

MF

연산 UP

● 빈 곳에 알맞은 수를 써넣으시오.

(1)

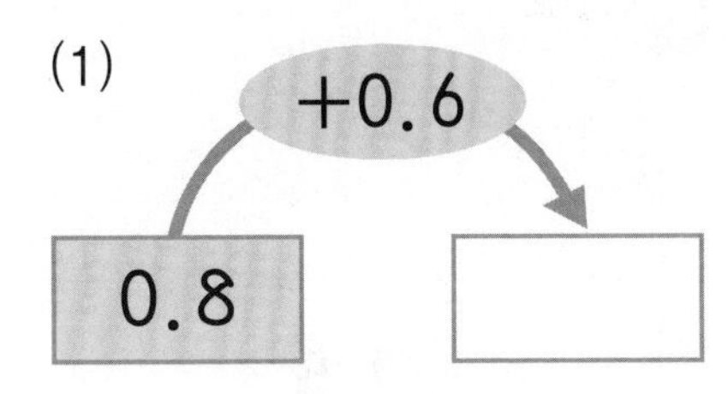

(2)

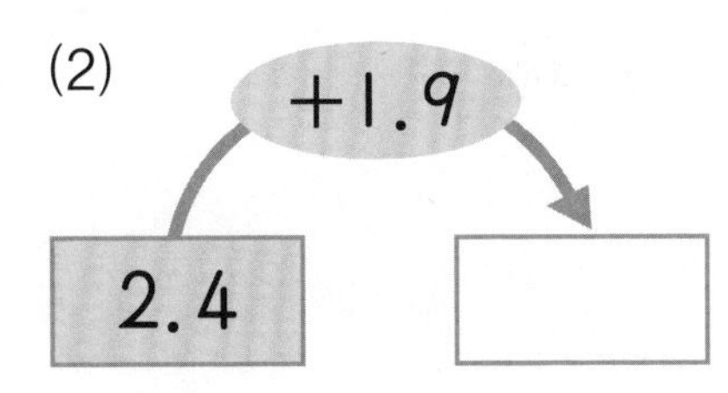

(3)

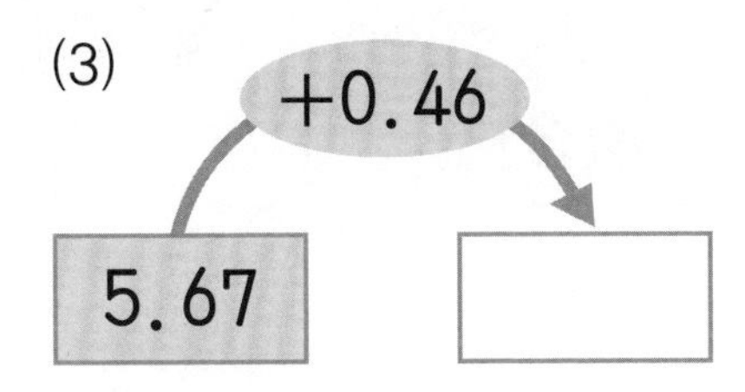

(4)

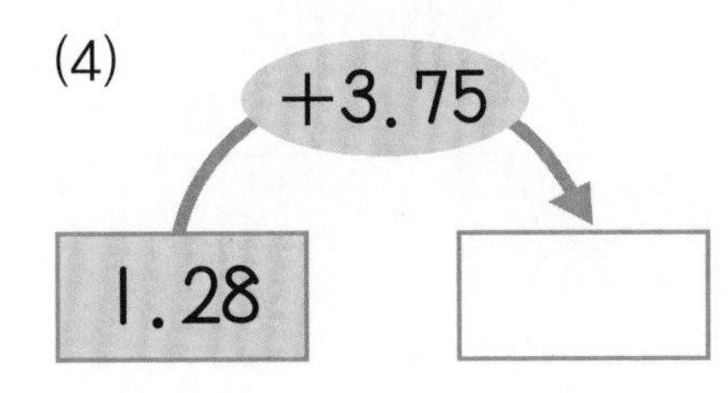

(5)

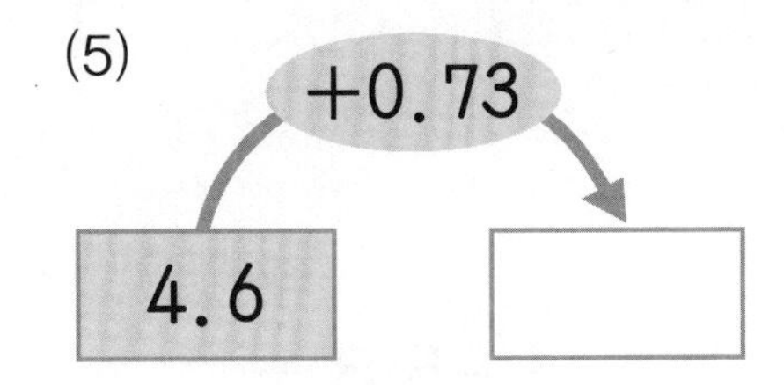

(6)

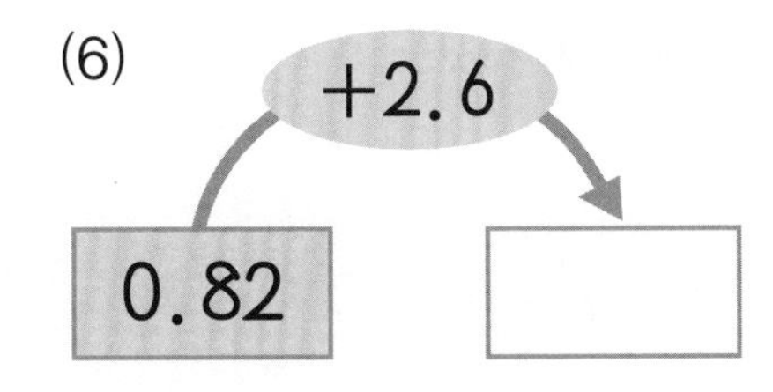

(7)

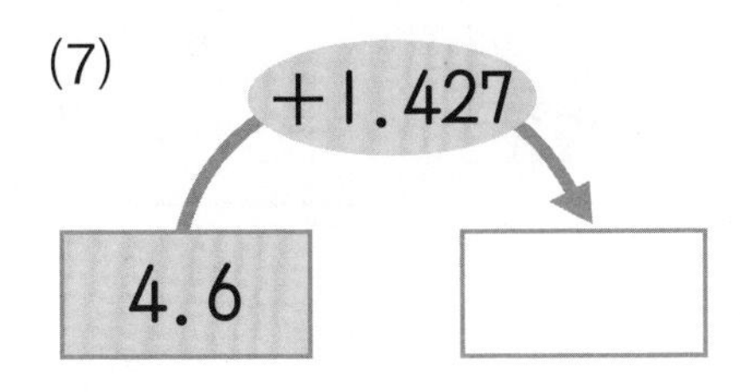

(8)

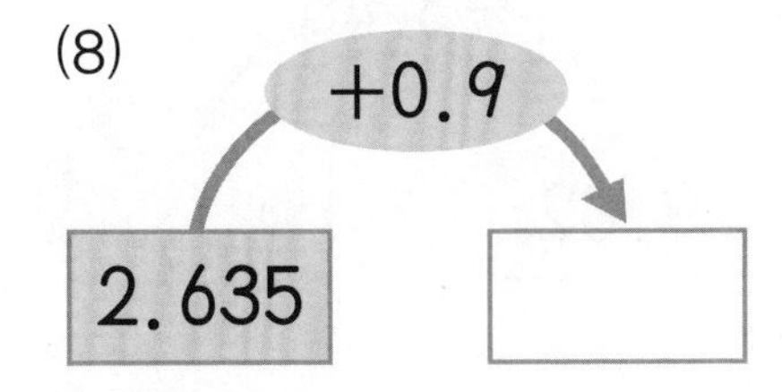

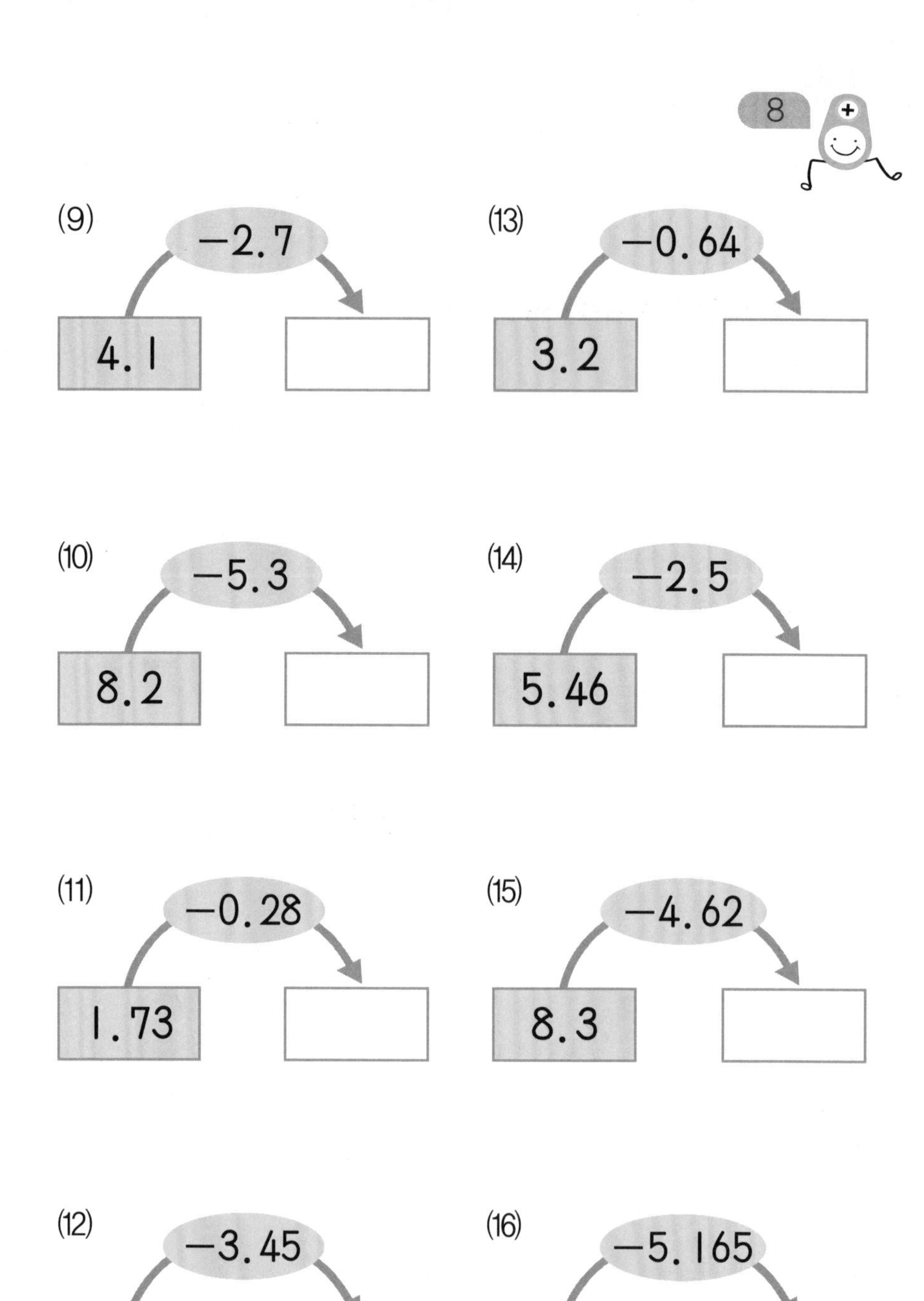
8
(9)
−2.7
4.1
(10)
−5.3
8.2
(11)
−0.28
1.73
(12)
−3.45
9.02
(13)
−0.64
3.2
(14)
−2.5
5.46
(15)
−4.62
8.3
(16)
−5.165
7.14

● 빈 곳에 알맞은 수를 써넣으시오.

(1)

1.5	0.6	
0.8	0.3	

(3)

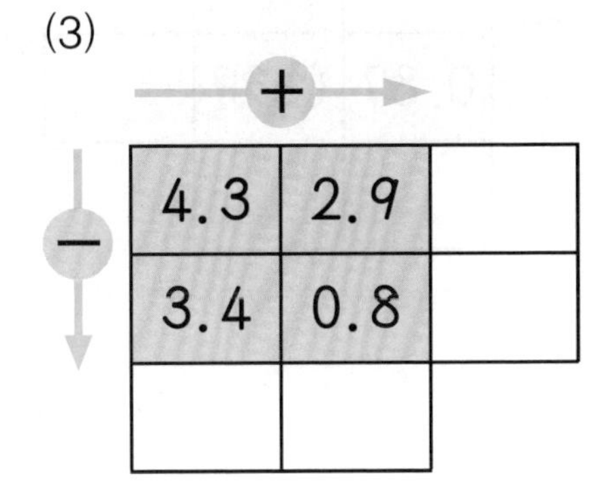

(2) (4)

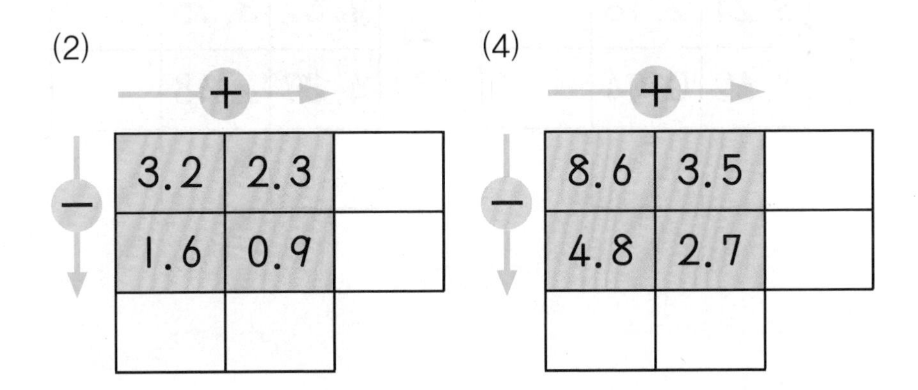

10

(5)

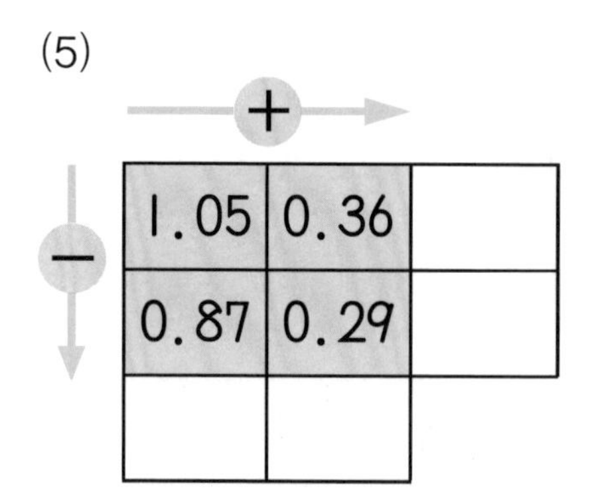
+
−
1.05
0.36
0.87
0.29

(7)

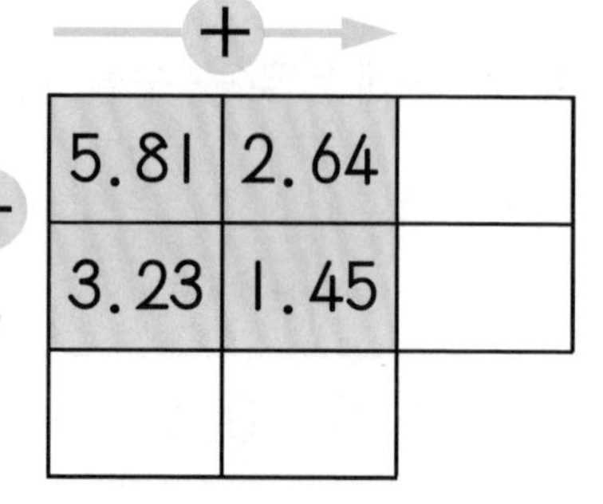
+
−
5.81
2.64
3.23
1.45

(6)

(8)

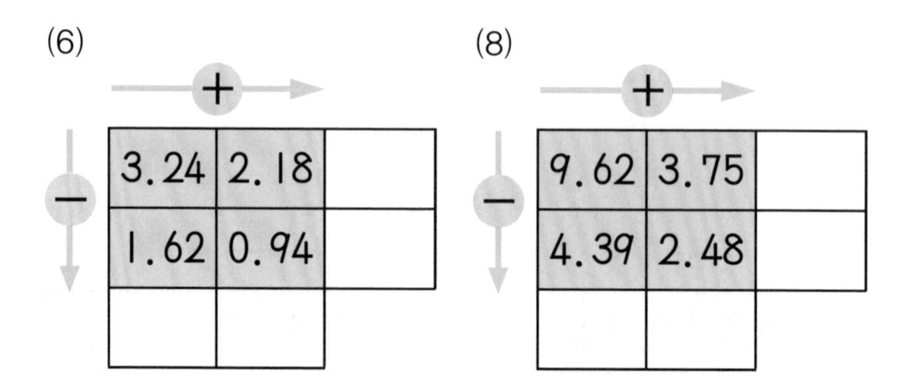
+
−
3.24
2.18
1.62
0.94
+
−
9.62
3.75
4.39
2.48

● 빈 곳에 알맞은 수를 써넣으시오.

(1)

+ →, − ↓

2.6	0.85	
1.43	0.7	

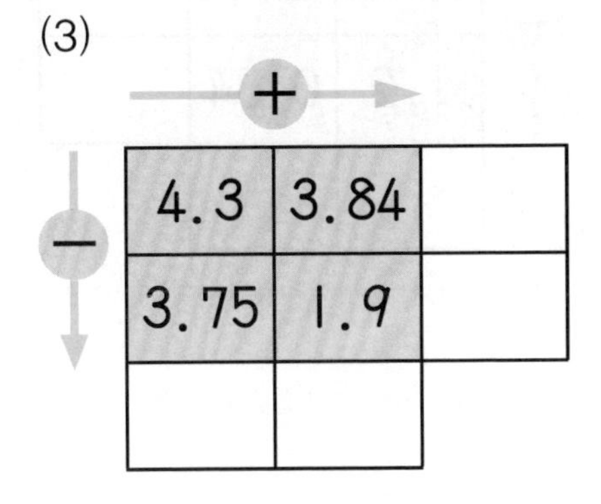

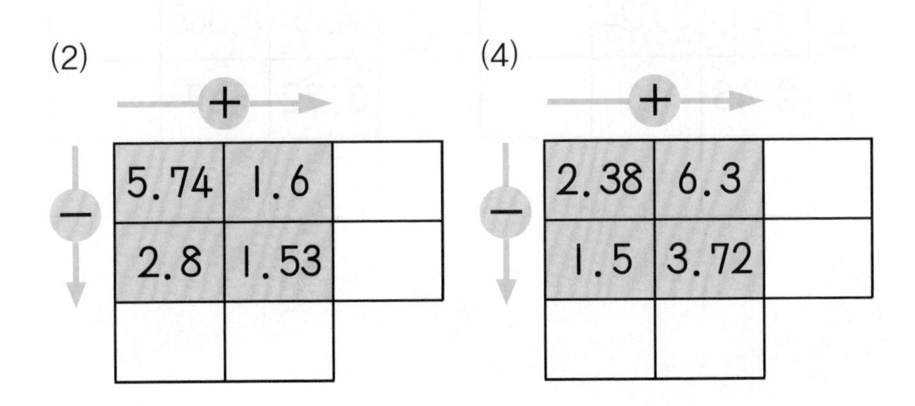

(5)

3.142	2.6	
1.2	0.54	

(7)

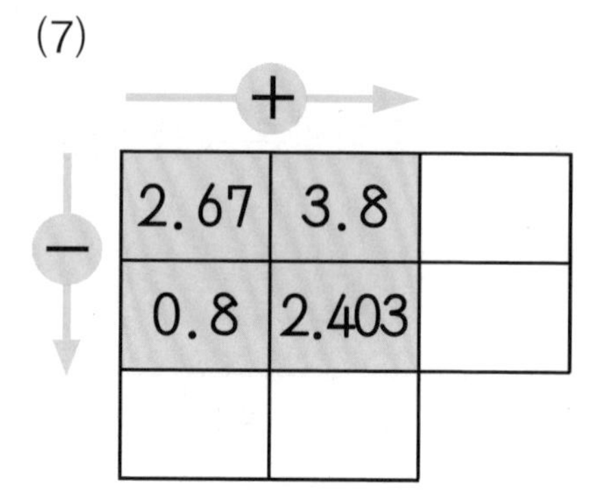

(6)

(8)

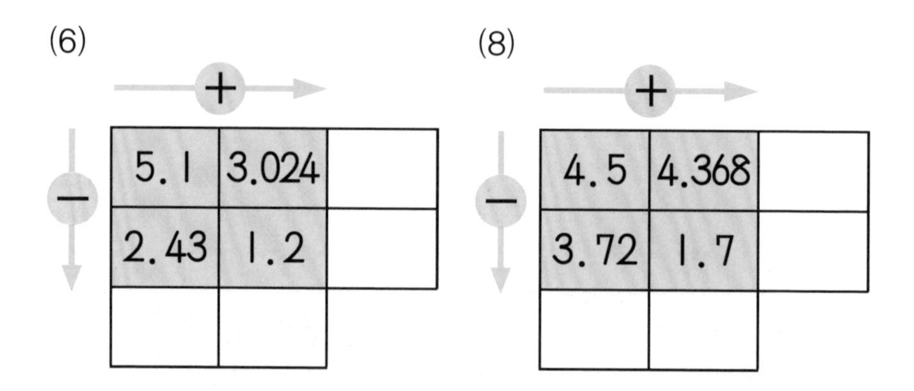

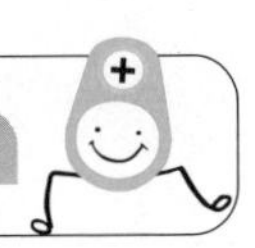

● 다음을 읽고 물음에 답하시오.

(1) 미술 시간에 철사를 찬호는 0.9 m 사용했고, 준기는 0.6 m 사용했습니다. 두 사람이 사용한 철사의 길이는 모두 몇 m입니까?

( )

(2) 무게가 0.37 kg인 상자에 무게가 0.65 kg인 장난감이 담겨 있습니다. 장난감이 담긴 상자의 무게는 몇 kg입니까?

( )

(3) 효진이의 몸무게는 32.45 kg이고, 어머니의 몸무게는 효진이보다 23.82 kg 무겁습니다. 어머니의 몸무게는 몇 kg입니까?

( )

(4) 사과 한 상자의 무게는 10.64 kg이고, 배 한 상자의 무게는 7.5 kg입니다. 사과와 배 한 상자의 무게는 모두 몇 kg입니까?

( )

(5) 정민이네 집에서 공원까지의 거리는 0.67 km이고, 공원에서 가게까지의 거리는 0.05 km입니다. 정민이가 집에서 공원을 지나 가게까지 가려면 몇 km를 가야 합니까?

( )

(6) 현수는 아버지와 함께 주말 농장에서 고구마를 캤습니다. 현수는 1.742 kg을 캤고, 아버지는 현수보다 2.58 kg 더 많이 캤습니다. 아버지가 캔 고구마의 양은 몇 kg입니까?

( )

● 다음을 읽고 물음에 답하시오.

(1) 직사각형의 가로는 4.2 m, 세로는 2.8 m입니다. 직사각형의 가로는 세로보다 몇 m 더 깁니까?

( )

(2) 병에 0.74 L의 주스가 있었습니다. 호영이가 주스를 마시고 남은 양을 재어 보니 0.28 L였습니다. 호영이가 마신 주스의 양은 몇 L입니까?

( )

(3) 100 m 달리기를 성재는 17.94초, 명준이는 19.13초에 달렸습니다. 성재는 명준이보다 몇 초 더 빨리 달렸습니까?

( )

(4) 혜수의 몸무게는 37.64 kg이고, 민재의 몸무게는 42.5 kg입니다. 민재는 혜수보다 몇 kg 더 무겁습니까?

( )

(5) 서진이는 2.3 m의 색 테이프를 가지고 있고, 주환이는 서진이보다 1.382 m 짧은 색 테이프를 가지고 있습니다. 주환이가 가지고 있는 색 테이프의 길이는 몇 m입니까?

( )

(6) 인형이 들어 있는 바구니의 무게를 재어 보았더니 2.54 kg이었습니다. 바구니만의 무게가 0.671 kg이라면 인형의 무게는 몇 kg입니까?

( )

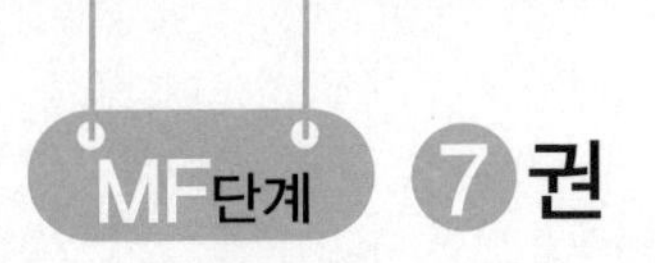

정 답

MF01

1	2	3	4	5	6	7	8
(1) $\frac{5}{9}$	(8) $4\frac{7}{9}$	(1) $1\frac{2}{5}$	(5) $\frac{8}{9}$	(1) $\frac{6}{13}$	(7) $1\frac{6}{11}$	(1) $\frac{7}{12}$	(7) $\frac{13}{17}$
(2) $\frac{5}{18}$	(9) $1\frac{8}{11}$	(2) $3\frac{7}{11}$	(6) $3\frac{6}{7}$	(2) $3\frac{5}{6}$	(8) $3\frac{4}{17}$	(2) $5\frac{4}{15}$	(8) $4\frac{6}{7}$
(3) $\frac{8}{13}$	(10) $3\frac{5}{8}$	(3) $6\frac{7}{10}$	(7) $3\frac{3}{10}$	(3) $5\frac{1}{10}$	(9) $3\frac{17}{19}$	(3) $1\frac{8}{13}$	(9) $7\frac{1}{9}$
(4) $\frac{8}{19}$	(11) $1\frac{7}{12}$	(4) $5\frac{5}{12}$	(8) $1\frac{4}{11}$	(4) $2\frac{9}{16}$	(10) 1	(4) $4\frac{2}{11}$	(10) $5\frac{9}{16}$
(5) $\frac{7}{20}$	(12) $3\frac{7}{16}$		(9) $6\frac{1}{13}$	(5) $5\frac{4}{15}$	(11) $4\frac{2}{15}$	(5) $6\frac{3}{13}$	(11) 6
(6) $2\frac{9}{11}$	(13) $1\frac{11}{15}$		(10) 6	(6) 3	(12) $8\frac{3}{5}$	(6) $6\frac{4}{7}$	(12) $7\frac{6}{13}$
(7) $1\frac{9}{10}$	(14) $4\frac{7}{20}$		(11) $6\frac{7}{15}$		(13) $4\frac{5}{9}$		(13) $7\frac{5}{12}$
	(15) $2\frac{13}{14}$						

MF01

9	10	11	12	13	14	15	16
(1) $6\frac{3}{4}$	(7) $6\frac{5}{8}$	(1) $\frac{4}{15}$	(5) $2\frac{4}{11}$	(1) $\frac{3}{7}$	(7) $\frac{5}{12}$	(1) $\frac{3}{14}$	(7) $2\frac{8}{9}$
(2) $\frac{15}{16}$	(8) $1\frac{5}{11}$	(2) $3\frac{5}{11}$	(6) $\frac{5}{12}$	(2) $\frac{2}{13}$	(8) $1\frac{5}{13}$	(2) $3\frac{2}{9}$	(8) $\frac{2}{11}$
(3) $7\frac{4}{5}$	(9) $\frac{7}{9}$	(3) $\frac{3}{10}$	(7) $\frac{10}{17}$	(3) $\frac{3}{14}$	(9) $1\frac{3}{10}$	(3) $\frac{5}{16}$	(9) $\frac{5}{16}$
(4) $6\frac{13}{16}$	(10) $4\frac{13}{16}$	(4) $2\frac{4}{9}$	(8) $2\frac{9}{10}$	(4) $\frac{15}{19}$	(10) $\frac{5}{9}$	(4) $\frac{5}{17}$	(10) $1\frac{7}{12}$
(5) 2	(11) $8\frac{4}{9}$		(9) $\frac{11}{13}$	(5) $1\frac{2}{17}$	(11) $\frac{2}{17}$	(5) $1\frac{3}{19}$	(11) $\frac{3}{19}$
(6) $7\frac{5}{14}$	(12) 4		(10) $2\frac{7}{15}$	(6) $1\frac{6}{11}$	(12) $\frac{4}{7}$	(6) $\frac{3}{11}$	(12) $2\frac{5}{14}$
	(13) $6\frac{7}{15}$		(11) $2\frac{11}{18}$		(13) $1\frac{2}{13}$		(13) $1\frac{2}{15}$

MF01

17	18	19	20	21	22	23	24
(1) $\frac{7}{17}$	(7) $\frac{5}{12}$	(1) $\frac{8}{9}$	(6) $\frac{4}{9}$	(1) $\frac{9}{14}$	(7) $\frac{5}{16}$	(1) $5\frac{5}{9}$	(7) $\frac{3}{10}$
(2) $1\frac{9}{20}$	(8) $\frac{2}{21}$	(2) $\frac{9}{10}$	(7) $1\frac{1}{8}$	(2) $\frac{8}{15}$	(8) $\frac{9}{17}$	(2) $6\frac{4}{15}$	(8) $2\frac{14}{15}$
(3) $\frac{4}{19}$	(9) $\frac{7}{13}$	(3) $1\frac{4}{7}$	(8) $1\frac{1}{7}$	(3) $6\frac{5}{9}$	(9) $3\frac{1}{9}$	(3) $\frac{12}{17}$	(9) $1\frac{11}{12}$
(4) $\frac{3}{16}$	(10) $\frac{4}{19}$	(4) 5	(9) 6	(4) $3\frac{9}{10}$	(10) $1\frac{6}{7}$	(4) $3\frac{1}{12}$	(10) $\frac{10}{11}$
(5) $3\frac{7}{15}$	(11) $2\frac{5}{14}$	(5) $\frac{9}{11}$	(10) $4\frac{5}{12}$	(5) $1\frac{3}{7}$	(11) 3	(5) $2\frac{7}{10}$	(11) 5
(6) $4\frac{3}{17}$	(12) $1\frac{1}{20}$		(11) $1\frac{11}{15}$	(6) $2\frac{6}{13}$	(12) $4\frac{6}{11}$	(6) $\frac{11}{13}$	(12) $2\frac{9}{10}$
	(13) $\frac{2}{17}$		(12) $5\frac{2}{13}$		(13) $6\frac{4}{15}$		(13) $1\frac{1}{9}$

MF01

25	26	27	28	29	30	31	32
(1) $\frac{5}{14}$	(7) $5\frac{6}{7}$	(1) $1\frac{7}{11}$	(7) $1\frac{2}{7}$	(1) $1\frac{3}{8}$	(7) $2\frac{1}{17}$	(1) $\frac{4}{13}$	(7) $1\frac{1}{9}$
(2) $2\frac{4}{13}$	(8) $\frac{7}{16}$	(2) $2\frac{8}{15}$	(8) $4\frac{7}{10}$	(2) $\frac{4}{5}$	(8) 3	(2) $2\frac{7}{11}$	(8) 3
(3) $1\frac{5}{12}$	(9) $1\frac{11}{12}$	(3) $1\frac{1}{10}$	(9) $1\frac{7}{13}$	(3) $1\frac{6}{7}$	(9) $2\frac{1}{14}$	(3) $4\frac{7}{15}$	(9) 2
(4) 1	(10) 2	(4) $1\frac{15}{19}$	(10) $\frac{2}{11}$	(4) $4\frac{8}{13}$	(10) $1\frac{7}{19}$	(4) $1\frac{2}{17}$	(10) $3\frac{5}{14}$
(5) $4\frac{5}{18}$	(11) $\frac{6}{13}$	(5) $\frac{11}{20}$	(11) 5	(5) 2	(11) $1\frac{6}{13}$	(5) 5	(11) $1\frac{3}{13}$
(6) $3\frac{9}{10}$	(12) $5\frac{7}{15}$	(6) $\frac{12}{13}$	(12) 0	(6) $\frac{5}{12}$	(12) $\frac{19}{20}$	(6) $\frac{3}{14}$	(12) $1\frac{13}{16}$
	(13) $1\frac{6}{19}$		(13) $4\frac{7}{18}$		(13) $3\frac{5}{16}$		(13) $\frac{11}{12}$

MF01

33	34	35	36	37	38	39	40
(1) $3\frac{1}{4}$	(7) $1\frac{2}{13}$	(1) $3\frac{9}{11}$	(7) $4\frac{1}{13}$	(1) $1\frac{4}{9}$	(7) $4\frac{9}{13}$	(1) $\frac{11}{13}$	(7) $2\frac{7}{12}$
(2) 0	(8) $2\frac{9}{20}$	(2) $1\frac{2}{9}$	(8) $2\frac{3}{10}$	(2) $1\frac{7}{13}$	(8) $5\frac{12}{17}$	(2) $2\frac{3}{7}$	(8) $\frac{13}{15}$
(3) 6	(9) $2\frac{5}{17}$	(3) $1\frac{9}{10}$	(9) $3\frac{5}{12}$	(3) 1	(9) $4\frac{11}{16}$	(3) $2\frac{3}{10}$	(9) $4\frac{2}{9}$
(4) $2\frac{4}{7}$	(10) $\frac{8}{11}$	(4) 1	(10) $\frac{17}{20}$	(4) $1\frac{7}{8}$	(10) 7	(4) $1\frac{1}{9}$	(10) $\frac{2}{11}$
(5) $\frac{4}{15}$	(11) 2	(5) $1\frac{13}{15}$	(11) $1\frac{1}{11}$	(5) $2\frac{5}{12}$	(11) $\frac{1}{14}$	(5) 5	(11) $3\frac{5}{14}$
(6) $3\frac{4}{21}$	(12) $\frac{15}{16}$	(6) $4\frac{5}{16}$	(12) $3\frac{2}{19}$	(6) $2\frac{1}{15}$	(12) $1\frac{8}{19}$	(6) $1\frac{13}{16}$	(12) $1\frac{13}{18}$
	(13) $4\frac{1}{10}$		(13) 3		(13) $4\frac{11}{18}$		(13) 2

MF02

1

(1)

0	$\frac{1}{10}$	$\frac{2}{10}$	$\frac{3}{10}$	$\frac{4}{10}$	$\frac{5}{10}$	$\frac{6}{10}$	$\frac{7}{10}$	$\frac{8}{10}$	$\frac{9}{10}$	1
0	0.1	0.2	0.3	0.4	0.5	0.6	0.7	0.8	0.9	1

(2)

0	$\frac{1}{10}$	$\frac{2}{10}$	$\frac{3}{10}$	$\frac{4}{10}$	$\frac{5}{10}$	$\frac{6}{10}$	$\frac{7}{10}$	$\frac{8}{10}$	$\frac{9}{10}$	1
0	0.1	0.2	0.3	0.4	0.5	0.6	0.7	0.8	0.9	1

(3)

$\frac{5}{10}$	$\frac{6}{10}$	$\frac{7}{10}$	$\frac{8}{10}$	$\frac{9}{10}$	1	$\frac{11}{10}$	$\frac{12}{10}$	$\frac{13}{10}$	$\frac{14}{10}$	$\frac{15}{10}$
0.5	0.6	0.7	0.8	0.9	1	1.1	1.2	1.3	1.4	1.5

MF02

2

(4)

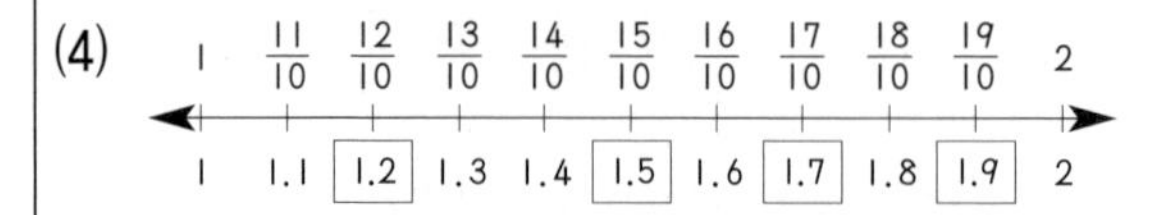

(5)

2 $2\frac{1}{10}$ $2\frac{2}{10}$ $2\frac{3}{10}$ $2\frac{4}{10}$ $2\frac{5}{10}$ $2\frac{6}{10}$ $2\frac{7}{10}$ $2\frac{8}{10}$ $2\frac{9}{10}$ 3

2 2.1 2.2 2.3 2.4 2.5 2.6 2.7 2.8 2.9 3

(6)

0 $\frac{1}{10}$ $\frac{2}{10}$ $\frac{3}{10}$ $\frac{4}{10}$ $\frac{5}{10}$ $\frac{6}{10}$ $\frac{7}{10}$ $\frac{8}{10}$ $\frac{9}{10}$ 1

0 0.1 0.2 0.3 0.4 0.5 0.6 0.7 0.8 0.9 1

(7)

7 $\frac{71}{10}$ $\frac{72}{10}$ $\frac{73}{10}$ $\frac{74}{10}$ $\frac{75}{10}$ $\frac{76}{10}$ $\frac{77}{10}$ $\frac{78}{10}$ $\frac{79}{10}$ 8

7 7.1 7.2 7.3 7.4 7.5 7.6 7.7 7.8 7.9 8

(8)

1 $1\frac{1}{10}$ $1\frac{2}{10}$ $1\frac{3}{10}$ $1\frac{4}{10}$ $1\frac{5}{10}$ $1\frac{6}{10}$ $1\frac{7}{10}$ $1\frac{8}{10}$ $1\frac{9}{10}$ 2

1 1.1 1.2 1.3 1.4 1.5 1.6 1.7 1.8 1.9 2

MF02

3

(1)

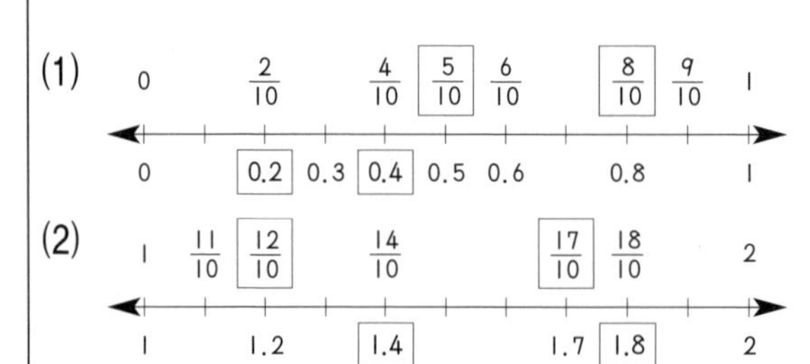

(2)

(3)

2 $\frac{21}{10}$ $\frac{23}{10}$ $\frac{26}{10}$ $\frac{28}{10}$ $\frac{29}{10}$ 3

2 2.1 2.3 2.6 2.8 2.9 3

(4)

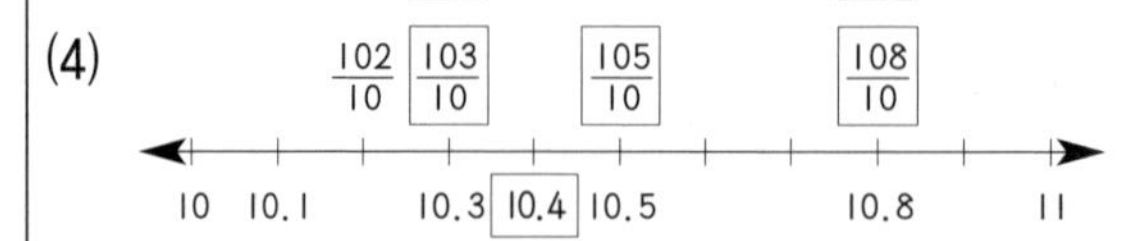

MF02

4

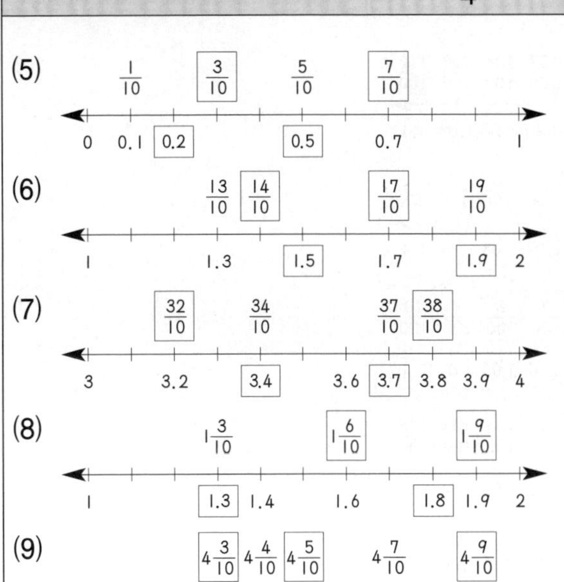

MF02

5

(1)

0 $\frac{1}{100}$ $\frac{2}{100}$ $\frac{3}{100}$ $\frac{4}{100}$ $\frac{5}{100}$ $\frac{6}{100}$ $\frac{7}{100}$ $\frac{8}{100}$ $\frac{9}{100}$ $\frac{10}{100}$

0 0.01 0.02 0.03 0.04 0.05 0.06 0.07 0.08 0.09 0.1

(2)

0 $\frac{1}{100}$ $\frac{2}{100}$ $\frac{3}{100}$ $\frac{4}{100}$ $\frac{5}{100}$ $\frac{6}{100}$ $\frac{7}{100}$ $\frac{8}{100}$ $\frac{9}{100}$ $\frac{10}{100}$

0 0.01 0.02 0.03 0.04 0.05 0.06 0.07 0.08 0.09 0.1

(3)

$\frac{5}{100}$ $\frac{6}{100}$ $\frac{7}{100}$ $\frac{8}{100}$ $\frac{9}{100}$ $\frac{10}{100}$ $\frac{11}{100}$ $\frac{12}{100}$ $\frac{13}{100}$ $\frac{14}{100}$ $\frac{15}{100}$

0.05 0.06 0.07 0.08 0.09 0.1 0.11 0.12 0.13 0.14 0.15

(4)

$\frac{20}{100}$ $\frac{21}{100}$ $\frac{22}{100}$ $\frac{23}{100}$ $\frac{24}{100}$ $\frac{25}{100}$ $\frac{26}{100}$ $\frac{27}{100}$ $\frac{28}{100}$ $\frac{29}{100}$ $\frac{30}{100}$

0.2 0.21 0.22 0.23 0.24 0.25 0.26 0.27 0.28 0.29 0.3

MF02

6

(5)

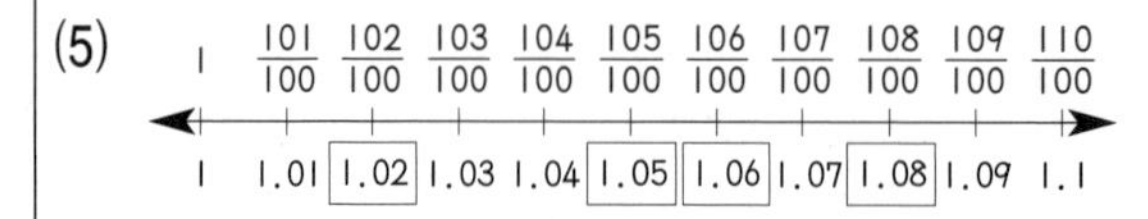

(6)

1 $1\frac{1}{100}$ $1\frac{2}{100}$ $1\frac{3}{100}$ $1\frac{4}{100}$ $1\frac{5}{100}$ $1\frac{6}{100}$ $1\frac{7}{100}$ $1\frac{8}{100}$ $1\frac{9}{100}$ $1\frac{10}{100}$

1 1.01 1.02 1.03 1.04 1.05 1.06 1.07 1.08 1.09 1.1

(7)

0 $\frac{1}{100}$ $\frac{2}{100}$ $\frac{3}{100}$ $\frac{4}{100}$ $\frac{5}{100}$ $\frac{6}{100}$ $\frac{7}{100}$ $\frac{8}{100}$ $\frac{9}{100}$ $\frac{10}{100}$

0 0.01 0.02 0.03 0.04 0.05 0.06 0.07 0.08 0.09 0.1

(8)

$\frac{95}{100}$ $\frac{96}{100}$ $\frac{97}{100}$ $\frac{98}{100}$ $\frac{99}{100}$ $\frac{100}{100}$ $\frac{101}{100}$ $\frac{102}{100}$ $\frac{103}{100}$ $\frac{104}{100}$ $\frac{105}{100}$

0.95 0.96 0.97 0.98 0.99 1 1.01 1.02 1.03 1.04 1.05

(9)

1 $1\frac{1}{100}$ $1\frac{2}{100}$ $1\frac{3}{100}$ $1\frac{4}{100}$ $1\frac{5}{100}$ $1\frac{6}{100}$ $1\frac{7}{100}$ $1\frac{8}{100}$ $1\frac{9}{100}$ $1\frac{10}{100}$

1 1.01 1.02 1.03 1.04 1.05 1.06 1.07 1.08 1.09 1.1

MF02

7

(1)

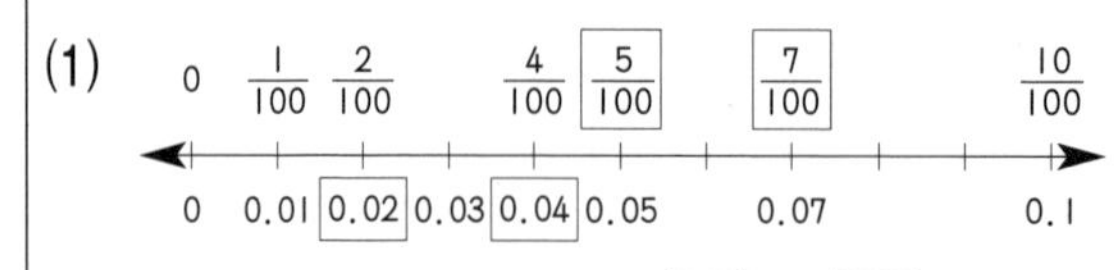

(2)

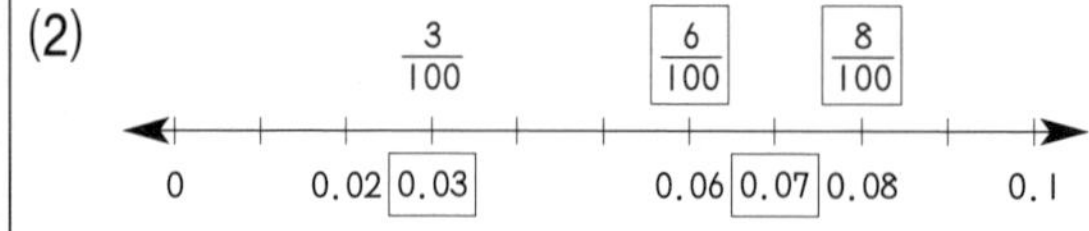

(3)

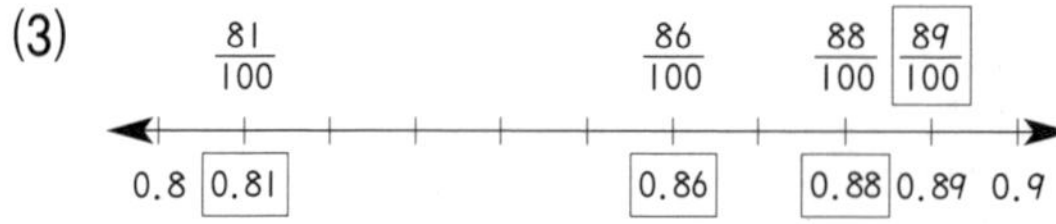

(4)

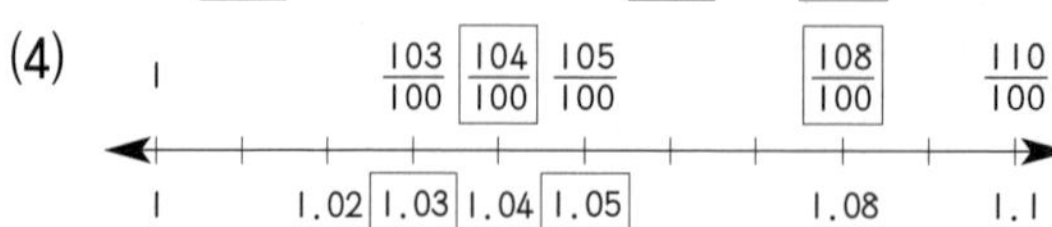

MF02

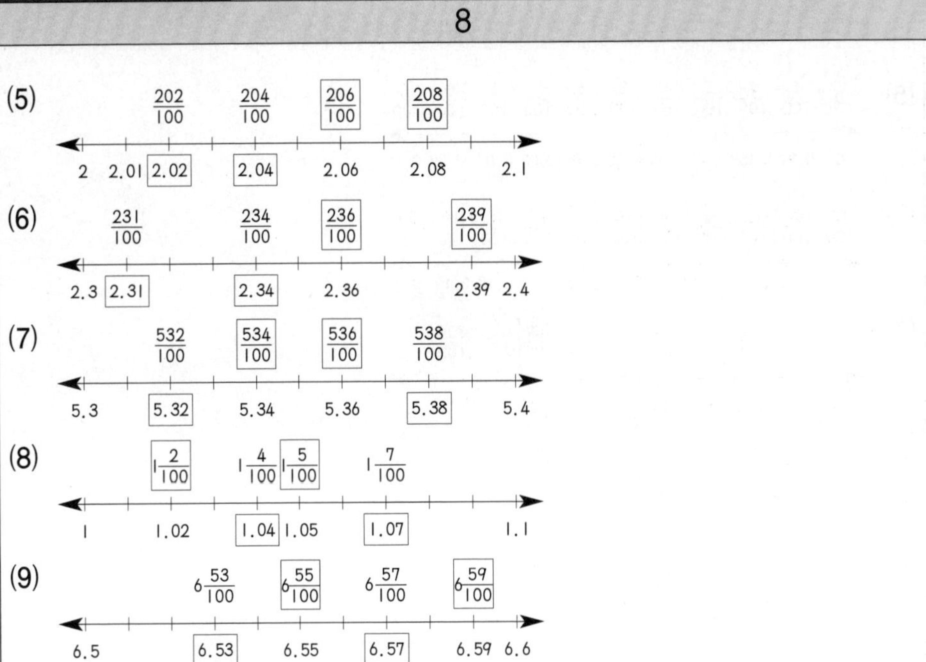
8
(5)
202/100 204/100 206/100 208/100
2 2.01 2.02 2.04 2.06 2.08 2.1
(6)
231/100 234/100 236/100 239/100
2.3 2.31 2.34 2.36 2.39 2.4
(7)
532/100 534/100 536/100 538/100
5.3 5.32 5.34 5.36 5.38 5.4
(8)
1 2/100 1 4/100 1 5/100 1 7/100
1 1.02 1.04 1.05 1.07 1.1
(9)
6 53/100 6 55/100 6 57/100 6 59/100
6.5 6.53 6.55 6.57 6.59 6.6

MF02

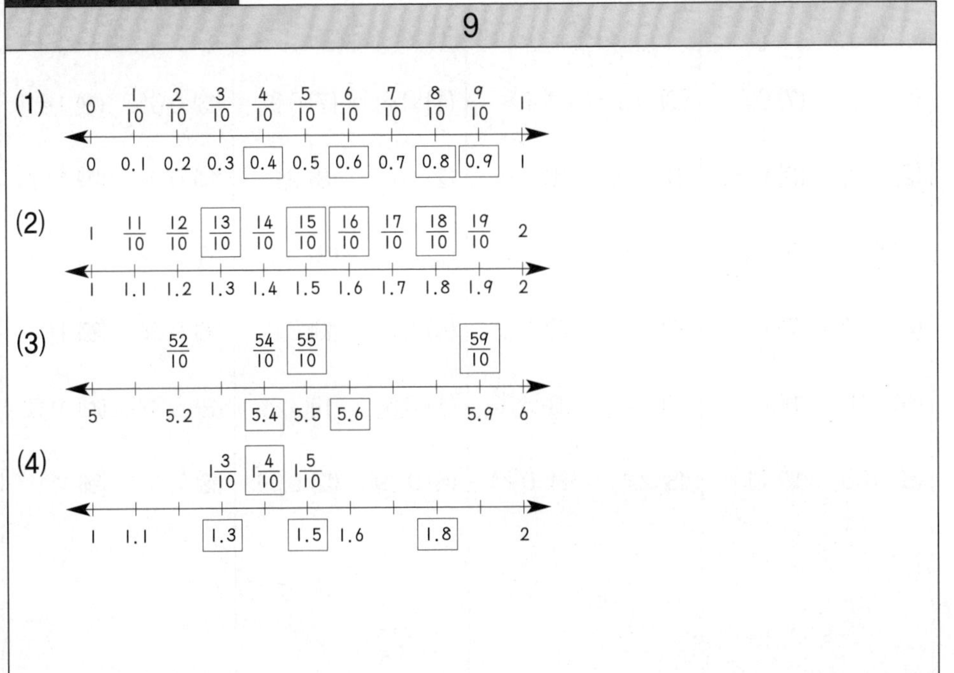
9
(1)
0 1/10 2/10 3/10 4/10 5/10 6/10 7/10 8/10 9/10 1
0 0.1 0.2 0.3 0.4 0.5 0.6 0.7 0.8 0.9 1
(2)
1 11/10 12/10 13/10 14/10 15/10 16/10 17/10 18/10 19/10 2
1 1.1 1.2 1.3 1.4 1.5 1.6 1.7 1.8 1.9 2
(3)
52/10 54/10 55/10 59/10
5 5.2 5.4 5.5 5.6 5.9 6
(4)
1 3/10 1 4/10 1 5/10
1 1.1 1.3 1.5 1.6 1.8 2

MF02

10

(5)
0, $\frac{1}{100}$, $\frac{2}{100}$, $\frac{3}{100}$, $\frac{4}{100}$, $\frac{5}{100}$, $\frac{6}{100}$, $\frac{7}{100}$, $\frac{8}{100}$, $\frac{9}{100}$, $\frac{10}{100}$
0, 0.01, 0.02, 0.03, 0.04, 0.05, 0.06, 0.07, 0.08, 0.09, 0.1

(6)
$\frac{10}{100}$, $\frac{11}{100}$, $\frac{12}{100}$, $\frac{13}{100}$, $\frac{14}{100}$, $\frac{15}{100}$, $\frac{16}{100}$, $\frac{17}{100}$, $\frac{18}{100}$, $\frac{19}{100}$, $\frac{20}{100}$
0.1, 0.11, 0.12, 0.13, 0.14, 0.15, 0.16, 0.17, 0.18, 0.19, 0.2

(7)
$\frac{302}{100}$, $\frac{304}{100}$, $\frac{307}{100}$, $\frac{309}{100}$
3, 3.02, 3.04, 3.07, 3.09, 3.1

(8)
$\frac{241}{100}$, $\frac{242}{100}$, $\frac{245}{100}$, $\frac{247}{100}$
2.4, 2.41, 2.42, 2.45, 2.47, 2.5

(9)
$6\frac{2}{100}$, $6\frac{4}{100}$, $6\frac{6}{100}$, $6\frac{7}{100}$
6, 6.04, 6.05, 6.06, 6.07, 7

MF02

11		12		13		14	
(1) 0.2	(7) 0.51	(13) 0.3	(19) 7.3	(1) 0.6	(7) 0.92	(13) 0.01	(19) 1.9
(2) 0.7	(8) 0.83	(14) 0.09	(20) 1.24	(2) 0.05	(8) 3.1	(14) 0.04	(20) 14.7
(3) 0.9	(9) 2.3	(15) 1.3	(21) 1.02	(3) 0.07	(9) 3.01	(15) 0.16	(21) 1.1
(4) 0.08	(10) 0.46	(16) 3.5	(22) 14.2	(4) 1.7	(10) 3.11	(16) 0.64	(22) 1.01
(5) 0.03	(11) 0.1	(17) 4.7	(23) 5.32	(5) 6.6	(11) 4.86	(17) 0.88	(23) 11.01
(6) 0.05	(12) 1.1	(18) 2.4	(24) 0.24	(6) 0.39	(12) 9.99	(18) 7.77	(24) 11.11

MF02

15		16	
(1) $\frac{1}{10}$	(7) $\frac{13}{10}(=1\frac{3}{10})$	(13) $\frac{7}{10}$	(19) $\frac{82}{10}(=8\frac{2}{10})$
(2) $\frac{4}{10}$	(8) $\frac{39}{10}(=3\frac{9}{10})$	(14) $\frac{27}{10}(=2\frac{7}{10})$	(20) $\frac{581}{100}(=5\frac{81}{100})$
(3) $\frac{4}{100}$	(9) $\frac{309}{100}(=3\frac{9}{100})$	(15) $\frac{8}{100}$	(21) $\frac{64}{10}(=6\frac{4}{10})$
(4) $\frac{35}{100}$	(10) $\frac{48}{10}(=4\frac{8}{10})$	(16) $\frac{2}{10}$	(22) $\frac{111}{100}(=1\frac{11}{100})$
(5) $\frac{5}{10}$	(11) $\frac{128}{100}(=1\frac{28}{100})$	(17) $\frac{65}{100}$	(23) $\frac{103}{10}(=10\frac{3}{10})$
(6) $\frac{73}{100}$	(12) $\frac{216}{100}(=2\frac{16}{100})$	(18) $\frac{413}{100}(=4\frac{13}{100})$	(24) $\frac{409}{100}(=4\frac{9}{100})$

MF02

17		18		19	20
(1) 0.4	(7) 1.33	(13) $\frac{7}{100}$	(19) $\frac{401}{100}(=4\frac{1}{100})$	(1) 5.8	(8) 2, 4, 7
(2) 0.02	(8) 22.2	(14) $\frac{3}{10}$	(20) $\frac{74}{10}(=7\frac{4}{10})$	(2) 7.3	(9) 4, 3, 8
(3) 0.8	(9) 0.79	(15) $\frac{51}{100}$	(21) $\frac{135}{100}(=1\frac{35}{100})$	(3) 3.6	(10) 6, 9, 3
(4) 0.27	(10) 5.3	(16) $\frac{9}{10}$	(22) $\frac{122}{10}(=12\frac{2}{10})$	(4) 4.5	(11) 1, 0, 4
(5) 1.4	(11) 4.02	(17) $\frac{34}{100}$	(23) $\frac{11}{10}(=1\frac{1}{10})$	(5) 8.6	(12) 8, 7, 7
(6) 11.6	(12) 5.05	(18) $\frac{28}{10}(=2\frac{8}{10})$	(24) $\frac{907}{100}(=9\frac{7}{100})$	(6) 9.3	(13) 11, 0, 5
				(7) 12.4	(14) 6, 9, 1
					(15) 2, 8, 6

MF02

21	22	23	24	25	26
(1) 2.7	(8) 2.48	(1) 7, 5	(9) 9.4	(1) 6, 3	(9) 6.8
(2) 4.4	(9) 3.51	(2) 6, 4	(10) 7.2	(2) 2, 5	(10) 1.2
(3) 6.1	(10) 2.47	(3) 2, 1, 5	(11) 8.64	(3) 3, 0, 8	(11) 8.42
(4) 8.2	(11) 4.35	(4) 4, 9, 8, 7	(12) 4.46	(4) 5, 7, 4	(12) 5.68
(5) 7.4	(12) 6.39	(5) 18, 9	(13) 4.2	(5) 3, 9	(13) 11.4
(6) 14.2	(13) 5.24	(6) 8, 2	(14) 0.23	(6) 3, 7	(14) 0.12
(7) 2.7	(14) 2.51	(7) 1, 2, 3	(15) 0.248	(7) 8, 5, 2	(15) 0.476
	(15) 1.48	(8) 1, 5, 3, 6	(16) 7.659	(8) 6, 9, 1	(16) 0.203

MF02

27	28	29	30	31	32	33	34
(1) 0.8	(9) 5.5	(1) 0.8	(7) 6.2	(1) 9.6	(9) 7.5	(1) 5.9	(9) 8.9
(2) 0.9	(10) 7	(2) 0.7	(8) 8.2	(2) 9.4	(10) 15.4	(2) 8.7	(10) 6.9
(3) 1	(11) 6.1	(3) 1	(9) 8	(3) 10.3	(11) 6.9	(3) 8.7	(11) 11.4
(4) 1.1	(12) 2.1	(4) 0.8	(10) 8.2	(4) 19.2	(12) 18.5	(4) 6.7	(12) 8.5
(5) 2.1	(13) 6.1	(5) 1.3	(11) 0.6 (12) 4.1	(5) 15	(13) 9.6	(5) 7.6	(13) 10.7
(6) 3.1	(14) 4.2	(6) 0.9	(13) 6.9	(6) 9.9	(14) 18.9	(6) 13.2	(14) 5
(7) 2.1	(15) 12.2		(14) 3.3	(7) 17.1	(15) 11.2	(7) 13.4	(15) 10.7
(8) 4.2	(16) 12.2		(15) 4.8	(8) 18.7	(16) 13.1	(8) 11.8	(16) 13.8
	(17) 5.6		(16) 1.1		(17) 26.9		(17) 19.1
	(18) 3.9				(18) 5.2		(18) 11

MF02

35	36	37	38	39	40
(1) 6.9	(9) 8.8	(1) 4.5	(9) 8.7	(1) 12.4	(9) 9.1
(2) 8.5	(10) 13.2	(2) 16	(10) 7.87	(2) 24.3	(10) 7.24
(3) 0.09	(11) 10.79	(3) 3.07	(11) 13.57	(3) 6.62	(11) 15.66
(4) 7.47	(12) 8.43	(4) 4.5	(12) 8.27	(4) 11.33	(12) 35.1
(5) 7.6	(13) 8.7	(5) 9.1	(13) 5.97	(5) 8.47	(13) 6.62
(6) 2.19	(14) 8.42	(6) 0.42	(14) 17	(6) 9.82	(14) 9.05
(7) 8.84	(15) 10.21	(7) 0.65	(15) 14.21	(7) 7.2	(15) 5.37
(8) 6.87	(16) 6.3	(8) 17.12	(16) 7.51	(8) 10.55	(16) 7.58
	(17) 12.18		(17) 13.53		(17) 10.14
	(18) 7.76		(18) 10.55		(18) 9.04

MF03

1	2	3	4	5	6
(1) 6.4	(9) 7.2	(1) 0.47	(9) 3.02	(1) 7.66	(9) 9
(2) 8.48	(10) 23.8	(2) 8.66	(10) 21.79	(2) 6.855	(10) 4.178
(3) 9.28	(11) 5.32	(3) 0.007	(11) 4.741	(3) 11.85	(11) 10.145
(4) 17	(12) 7.97	(4) 0.804	(12) 1.752	(4) 12.288	(12) 7.372
(5) 5.02	(13) 9.94	(5) 0.017	(13) 0.235	(5) 17.309	(13) 1.901
(6) 9.01	(14) 11.21	(6) 3.845	(14) 10	(6) 17.036	(14) 8.374
(7) 5.17	(15) 6.11	(7) 4.254	(15) 7.566	(7) 6.384	(15) 16.594
(8) 10.9	(16) 11.53	(8) 7.607	(16) 16.454	(8) 10.619	(16) 16.051
	(17) 11.87		(17) 8.288		(17) 14.265
	(18) 4.54		(18) 0.894		(18) 9.143

MF03

7	8	9	10	11	12
(1) 15.62	(9) 19.48	(1) 7.76	(9) 6.9	(1) 0.6	(9) 0.33
(2) 15.867	(10) 17.199	(2) 5.785	(10) 8.608	(2) 7.92	(10) 13.51
(3) 7.37	(11) 8.566	(3) 9.214	(11) 4.812	(3) 11.56	(11) 5.35
(4) 13.163	(12) 9.324	(4) 16.895	(12) 13.507	(4) 7.883	(12) 5.41
(5) 11.093	(13) 10.983	(5) 5.908	(13) 8.625	(5) 18.6	(13) 5.97
(6) 17.432	(14) 10.985	(6) 16.346	(14) 13.942	(6) 19.58	(14) 10.77
(7) 6.606	(15) 9.717	(7) 6.853	(15) 34.575	(7) 12.64	(15) 4.93
(8) 10.069	(16) 13.388	(8) 17.712	(16) 12.258	(8) 6.07	(16) 8.52
	(17) 28.267		(17) 22.241		(17) 19.1
	(18) 9.23		(18) 15.705		(18) 8.18

MF03

13	14	15	16	17	18
(1) 8.6	(9) 7.76	(1) 19.25	(9) 20.53	(1) 10.3	(9) 13.3
(2) 0.758	(10) 29.917	(2) 21.718	(10) 11.776	(2) 11.3	(10) 5.03
(3) 7.607	(11) 8.521	(3) 10.917	(11) 6.665	(3) 9.39	(11) 11.98
(4) 14.673	(12) 7.737	(4) 8.931	(12) 8.971	(4) 11.38	(12) 10.44
(5) 3.93	(13) 11	(5) 6.809	(13) 68.87	(5) 6.86	(13) 9.78
(6) 15.243	(14) 14.94	(6) 7.639	(14) 6.663	(6) 8.26	(14) 6.3
(7) 11.514	(15) 9.283	(7) 10.007	(15) 13.272	(7) 27.02	(15) 9.07
(8) 15.255	(16) 7.719	(8) 19.264	(16) 4.629	(8) 9.64	(16) 12.95
	(17) 32.908		(17) 7.604		(17) 9.41
	(18) 23.133		(18) 8.416		(18) 7.31

MF03

19	20	21	22
(1) 11.84 (2) 17.485 (3) 16.84 (4) 8.859 (5) 7.26 (6) 6.986 (7) 16.178 (8) 11.055	(9) 9.17 (10) 7.046 (11) 9.155 (12) 10.36 (13) 10.6 (14) 21.34 (15) 11.55 (16) 5.991 (17) 18.175 (18) 7.454	(1) (×) → 2.8 + 3.44 = 6.24 (2) 바른 계산임. (3) (×) → 0.012 + 2.34 = 2.352	(4) (×) → 2.7 + 12.65 = 15.35 (5) 바른 계산임. (6) (×) → 13.59 + 1.6 = 15.19 (7) (×) → 21.4 + 0.069 = 21.469 (8) (×) → 4.87 + 10.13 = 15

MF03

23	24	25	26
(1) (×) → 10.8 + 6.44 = 17.24 (2) (×) → 6.18 + 0.28 = 6.46 (3) 바른 계산임.	(4) (×) → 2.7 + 12.65 = 15.35 (5) (×) → 10.6 + 0.008 = 10.608 (6) (×) → 11.2 + 0.05 = 11.25 (7) (×) → 4.67 + 12.5 = 17.17 (8) 바른 계산임.	(1) 12.7 (2) 10.8 (3) 4.61 (4) 10.9 (5) 15.44 (6) 13.44 (7) 4.66 (8) 9.02	(9) 13.14 (10) 10.104 (11) 13.31 (12) 10.443 (13) 7.96 (14) 11.54 (15) 6.282 (16) 15.307 (17) 19.004 (18) 10.884

MF03

27	28	29	30	31	32	33	34
(1) 0.2	(9) 0.3	(1) 0.5	(7) 3.1	(1) 1.4	(9) 4.1	(1) 4.1	(9) 7.2
(2) 0.2	(10) 1.3	(2) 0.2	(8) 4.4	(2) 1.7	(10) 3.4	(2) 2.6	(10) 4
(3) 1.6	(11) 0.2	(3) 2.2	(9) 4.3	(3) 5.6	(11) 5.5	(3) 3.4	(11) 1.5
(4) 1.1	(12) 4.2	(4) 0.2	(10) 1.8	(4) 1.2	(12) 3.1	(4) 3.3	(12) 3.2
(5) 0.4	(13) 3.5	(5) 0.1	(11) 2.2	(5) 12.2	(13) 1.2	(5) 1.2	(13) 1.3
(6) 1	(14) 2.2	(6) 5	(12) 5.4	(6) 1.8	(14) 3.2	(6) 4.7	(14) 1.8
(7) 0.9	(15) 6.1		(13) 1.4	(7) 3.2	(15) 0.9	(7) 4.8	(15) 3.2
(8) 0.9	(16) 2		(14) 9.2	(8) 7.5	(16) 0.8	(8) 1.8	(16) 5.8
	(17) 3.4		(15) 1.9		(17) 4.8		(17) 1.5
	(18) 4.6		(16) 3		(18) 2.4		(18) 4.2

MF03

35	36	37	38	39	40
(1) 5.2	(9) 4.3	(1) 4.7	(9) 1.9	(1) 5.9	(9) 4.1
(2) 2.1	(10) 5.01	(2) 4.15	(10) 12.8	(2) 2.48	(10) 8.3
(3) 0.02	(11) 1.82	(3) 3.53	(11) 6.19	(3) 4.7	(11) 3.34
(4) 0.63	(12) 3.84	(4) 5.02	(12) 2.76	(4) 3.68	(12) 3.57
(5) 4.4	(13) 2.07	(5) 1.8	(13) 1.9	(5) 14.4	(13) 3.14
(6) 2.31	(14) 2.86	(6) 3.07	(14) 1.24	(6) 3.25	(14) 2.19
(7) 3.27	(15) 2.5	(7) 9.36	(15) 5.8	(7) 2.56	(15) 3.32
(8) 5.15	(16) 1.79	(8) 1.72	(16) 3.9	(8) 9.1	(16) 1.54
	(17) 2.95		(17) 5.03		(17) 1.94
	(18) 5.73		(18) 6.21		(18) 3.01

MF04

1	2	3	4	5	6
(1) 0.5	(9) 2.9	(1) 0.3	(9) 0.8	(1) 1.5	(9) 4.2
(2) 4.15	(10) 5.31	(2) 0.13	(10) 0.9	(2) 1.64	(10) 1.65
(3) 11.86	(11) 3.46	(3) 1.27	(11) 7.95	(3) 11.66	(11) 0.08
(4) 5.47	(12) 2.3	(4) 1.16	(12) 2.19	(4) 2.72	(12) 1.91
(5) 5.4	(13) 2.2	(5) 13.5	(13) 1.64	(5) 4.96	(13) 5.27
(6) 9.16	(14) 3.75	(6) 4.35	(14) 2.16	(6) 4.1	(14) 3.29
(7) 5.27	(15) 1.46	(7) 2.49	(15) 1.27	(7) 0.4	(15) 1.06
(8) 3.9	(16) 4.84	(8) 2.92	(16) 12.8	(8) 3.63	(16) 3.5
	(17) 2.75		(17) 1.36		(17) 9.7
	(18) 2.63		(18) 2.21		(18) 5.36

MF04

7	8	9	10	11	12
(1) 5.1	(9) 1.4	(1) 1.8	(9) 8.3	(1) 0.21	(9) 1.81
(2) 3.42	(10) 5.55	(2) 4.42	(10) 1.94	(2) 0.43	(10) 3.88
(3) 3.27	(11) 9.4	(3) 5.98	(11) 2.71	(3) 0.704	(11) 5.925
(4) 14.6	(12) 1.58	(4) 1.03	(12) 4.24	(4) 3.002	(12) 1.226
(5) 1.1	(13) 1.83	(5) 0.2	(13) 0.08	(5) 3.341	(13) 0.036
(6) 1.54	(14) 5.55	(6) 2.94	(14) 1.07	(6) 6.822	(14) 1.126
(7) 1.32	(15) 5.7	(7) 4.96	(15) 1.69	(7) 2.309	(15) 3.427
(8) 10.5	(16) 5.91	(8) 4.41	(16) 2.3	(8) 7.406	(16) 12.215
	(17) 1.52		(17) 10.5		(17) 1.861
	(18) 2.46		(18) 1.58		(18) 0.502

MF04

13	14	15	16	17	18
(1) 3.27	(9) 1.601	(1) 2.33	(9) 2.19	(1) 0.43	(9) 1.61
(2) 3.67	(10) 21.16	(2) 1.915	(10) 3.54	(2) 3.081	(10) 1.721
(3) 10.593	(11) 3.747	(3) 6.862	(11) 0.194	(3) 1.19	(11) 3.098
(4) 4.159	(12) 3.747	(4) 2.161	(12) 2.558	(4) 0.691	(12) 3.18
(5) 4.253	(13) 3.153	(5) 7.06	(13) 7.62	(5) 2.841	(13) 3.07
(6) 0.29	(14) 2.72	(6) 1.331	(14) 1.708	(6) 0.374	(14) 2.096
(7) 0.632	(15) 1.62	(7) 1.918	(15) 1.883	(7) 1.459	(15) 2.915
(8) 4.577	(16) 3.394	(8) 2.354	(16) 4.602	(8) 13.512	(16) 0.64
	(17) 1.864		(17) 6.586		(17) 4.63
	(18) 1.248		(18) 2.263		(18) 0.99

MF04

19	20	21	22	23	24
(1) 0.11	(9) 3.73	(1) 7.7	(9) 1.931	(1) 6.33	(9) 0.86
(2) 2.547	(10) 10.11	(2) 1.701	(10) 0.817	(2) 1.709	(10) 2.514
(3) 1.71	(11) 1.783	(3) 6.994	(11) 1.821	(3) 3.415	(11) 4.967
(4) 0.785	(12) 0.935	(4) 1.812	(12) 0.87	(4) 3.203	(12) 0.683
(5) 1.921	(13) 0.41	(5) 1.061	(13) 0.95	(5) 2.921	(13) 0.2
(6) 22.912	(14) 2.245	(6) 2.223	(14) 2.953	(6) 0.999	(14) 0.435
(7) 7.991	(15) 1.444	(7) 1.526	(15) 2.327	(7) 2.695	(15) 3.797
(8) 1.997	(16) 3.798	(8) 6.58	(16) 0.305	(8) 1.168	(16) 2.148
	(17) 1.858		(17) 1.902		(17) 0.756
	(18) 0.893		(18) 0.993		(18) 0.01

MF04

25	26	27	28	29	30
(1) 2.38	(9) 1.83	(1) 0.3	(9) 3.3	(1) 2.82	(9) 1.64
(2) 1.772	(10) 1.77	(2) 0.73	(10) 1.32	(2) 5.08	(10) 1.764
(3) 3.156	(11) 5.64	(3) 2.11	(11) 3.73	(3) 4.595	(11) 2.56
(4) 1.904	(12) 2.763	(4) 4.82	(12) 0.87	(4) 3.477	(12) 0.822
(5) 1.96	(13) 1.5	(5) 3.9	(13) 0.6	(5) 2.35	(13) 3.25
(6) 3.63	(14) 1.82	(6) 4.29	(14) 2.5	(6) 3.821	(14) 12.29
(7) 4.343	(15) 0.661	(7) 3.85	(15) 1.86	(7) 1.372	(15) 2.78
(8) 0.754	(16) 1.242	(8) 2.01	(16) 2.74	(8) 1.783	(16) 0.463
	(17) 2.793		(17) 2.83		(17) 1.191
	(18) 4.95		(18) 0.5		(18) 0.01

MF04

31	32	33	34	35	36
(1) 1.44	(9) 13.16	(1) 1.9	(9) 1.1	(1) 14.83	(9) 16.51
(2) 2.517	(10) 4.83	(2) 3.073	(10) 2.642	(2) 2.802	(10) 4.919
(3) 4.823	(11) 3.192	(3) 1.124	(11) 1.168	(3) 2.691	(11) 3.801
(4) 1.567	(12) 3.92	(4) 1.644	(12) 2.492	(4) 2.981	(12) 0.252
(5) 1.414	(13) 8.99	(5) 1.1	(13) 0.01	(5) 1.425	(13) 0.211
(6) 1.56	(14) 3.436	(6) 0.64	(14) 13.1	(6) 2.728	(14) 2.338
(7) 3.688	(15) 3.962	(7) 2.812	(15) 2.753	(7) 2.205	(15) 4.16
(8) 2.652	(16) 1.773	(8) 2.859	(16) 2.69	(8) 1.097	(16) 3.001
	(17) 2.745		(17) 0.93		(17) 1.996
	(18) 0.45		(18) 0.002		(18) 0.093

MF04

37	38	39	40
(1) (×) → $\begin{array}{r} 31.99 \\ -\ 0.166 \\ \hline 31.824 \end{array}$ (2) 바른 계산임. (3) (×) → $\begin{array}{r} 17 \\ -\ 1.5 \\ \hline 15.5 \end{array}$	(4) (×) → $\begin{array}{r} 5.31 \\ -\ 2.4 \\ \hline 2.91 \end{array}$ (5) 바른 계산임. (6) (×) → $\begin{array}{r} 3.903 \\ -\ 2.65 \\ \hline 1.253 \end{array}$ (7) (×) → $\begin{array}{r} 3.5 \\ -\ 1.786 \\ \hline 1.714 \end{array}$ (8) (×) → $\begin{array}{r} 7 \\ -\ 3.001 \\ \hline 3.999 \end{array}$	(1) (×) → $\begin{array}{r} 7.2 \\ -\ 2.91 \\ \hline 4.29 \end{array}$ (2) (×) → $\begin{array}{r} 6.54 \\ -\ 1.103 \\ \hline 5.437 \end{array}$ (3) 바른 계산임.	(4) (×) → $\begin{array}{r} 13.45 \\ -\ 1.3 \\ \hline 12.15 \end{array}$ (5) (×) → $\begin{array}{r} 8.46 \\ -\ 4.507 \\ \hline 3.953 \end{array}$ (6) (×) → $\begin{array}{r} 39.03 \\ -\ 2.3 \\ \hline 36.73 \end{array}$ (7) (×) → $\begin{array}{r} 7.743 \\ -\ 0.23 \\ \hline 7.513 \end{array}$ (8) 바른 계산임.